Petra Krivy & Angelika Lanzerath

Was ein Welpe lernen muss

Petra Krivy & Angelika Lanzerath

Was ein Welpe lernen muss

Die Hundeschule

Müller
Rüschlikon

Impressum

Einbandgestaltung: Petra Pawletko

Titelbild: Hartmut Paulus (Slovensky Cuvac Welpe Gaia Bär vom Wolfshorn, 12 Wochen alt)

Bildnachweis: Manuela Gerhards: S. 18, 44;
Angelika Lanzerath: S. 3, 8, 10, 11, 15, 18, 20, 36, 37, 38, 39, 41, 42, 45, 53, 61, 62, 73, 78, 91;
Reginald Staenicke: S. 5, 6, 12, 13, 14, 16, 19, 23, 24, 26, 29, 31, 46, 47, 48, 49, 59, 65, 66, 67, 69, 71, 90;
Hundeschule Tatzen-Treff: S. 7, 17, 19, 21, 22, 25, 28, 33, 34, 35, 40, 50, 51, 54, 55, 56, 57, 60, 63, 64, 70, 74, 76, 80, 81, 82, 83, 86, 87, 88, 89, 92, 93, 94, 95;
Angelika Walkowiak: S. 9.
Bilder im Kolumnentitel: Beate Schwarz, http://fotografie.com-werkstatt

ISBN 978-3-275-01689-1
Copyright © 2009 by Müller Rüschlikon Verlag
Postfach 103743, 70032 Stuttgart
Ein Unternehmen der Paul Pietsch Verlage GmbH & Co.KG
Lizenznehmer der Bucheli Verlags AG, Baarerstr. 43, CH-6304 Zug
2. Auflage 2010

Sie finden uns im Internet unter **www.mueller-rueschlikon-verlag.de**

Lektorat: Claudia König
Innengestaltung: Petra Pawletko
Druck und Bindung: KoKo Produktionsservice, 70900 Ostrava
Printed in Czech Republic

Inhalt

Ein paar einleitende Worte vorab

Nicht nur niedlich, sondern auch anspruchsvoll und arbeitsintensiv: Welpen!

Hurra, das Hundekind ist da! Die gesamte Familie freut sich, hat sie doch lange auf diesen Augenblick gewartet. Seit Wochen wurden Vorbereitungen getroffen: es wurde gelesen und sich informiert, Urlaubstage wurden eingereicht, Haus und Garten präpariert, damit es dem neuen Familienzuwachs an nichts fehlen mag. Die Ziele sind hoch gesteckt, alle Familienmitglieder überaus motiviert und die Rahmenbedingungen scheinen bestmöglich auf das abgestimmt zu sein, was da in Form eines vierbeinigen Hundekindes den Familienalltag künftig bereichern soll. So weit die Theorie, die auch zumindest erst einmal löblich bemüht und überlegt das Thema »Hundeanschaffung« berücksichtigt zu haben scheint. Doch mit dem Einzug des Welpen kommt die Praxis. Und wie so oft im Leben, scheinen Welten zwischen der farbenprächtigen Theorie und der vermeintlich eher grauen Praxis zu liegen.

Obwohl sich alles um den »Sonnenschein« dreht, weint das Hundekind, winselt und scheint sich im neuen Heim nicht gerade wohl zu fühlen. Obwohl in allen Büchern zu lesen ist, dass das Hundekind nach dem Schlafen und nach dem Fressen sein Geschäftchen verrichten muss und deshalb an den erlaubten Ort zu führen ist, finden sich plötzlich in der Wohnung zusätzlich überall Pfützen und geruchlich eindeutig zuzuordnende Hinterlassenschaften. Obwohl man auf den Rat der Verkäufer im Hundezubehör-Fachhandel gehört und ein breites Sortiment an Spielzeug erstanden hat, zerbeißt der Welpe mit Vorliebe das, was der Familie besonders lieb, wert und teuer ist. Obwohl man doch den lieben langen Tag Mutter, Vater, Bruder, Schwester und wen sonst noch für den Welpen ersetzen will, Haushalt und Privatleben komplett hintenanstellt und als Alleinunterhalter des jungen Vierbeiners agiert, kümmert der sich überhaupt nicht um seine Menschen, geht unbeirrt seiner Wege und demonstriert mit sich selbst zufriedene Nichtbeachtung seiner direkten Umwelt. Arme und Beine der Kinder im Haus zeugen von gesunden Hunde-Milchzähnen, etliches vom erlesenen Mobiliar und von der modernsten

Welpen sind unternehmungslustig und finden stets eine für sie sinnvolle Beschäftigung – nicht immer zur Freude ihrer zugehörigen Menschen! Dem Taten- und Entdeckerdrang gilt es, Grenzen setzend und regulierend zu begegnen. Und zwar situativ angepasst und für den Welpen verständlich.

Designer-Bekleidung sind der hundlichen Qualitätskontrolle bereits zum Opfer gefallen (mit vernichtendem Testergebnis). So hat man sich das um einen Hund bereicherte Familienidyll nicht vorgestellt. Die Nerven liegen blank. Was nun?

Und nun halten Sie als frisch gebackener Welpenbesitzer ein weiteres Büchlein in der Hand! Keine Angst, Sie werden den Kauf sicher nicht bereuen. Wir möchten Ihnen hier nicht nur vermitteln, worum es vorrangig in der ersten Zeit Ihrer Beziehung zueinander geht, was Ihr Hundekind so alles in seinen ersten Wochen bei Ihnen lernen muss und wie Sie ihm dabei anleitend zur Seite stehen können. Wir möchten Ihnen erklären, welche Dinge innerhalb der ersten 16 Lebenswochen zu berücksichtigen sind, warum Ihr Welpe so oder so reagiert (oder eben nicht).
Wir zeigen Ihnen auf, wo und wie Sie Ihren Hund fördern und fordern können, dürfen, sollen. Und – last, but not least – wo, warum und wie Grenzen und Regeln zu etablieren

sind. Doch können wir Ihnen, lieber Leser, ein bisschen »graue Theorie« zum Einstieg nicht ersparen, um Ihnen dann sinnvoll gestaltete und strukturierte Praxisschritte vorzustellen und zu zeigen, was Welpen lernen müssen und wie der Mensch ihnen dabei helfen kann.

Zum Umgang mit diesem Buch

Sie finden auf den nächsten Seiten verschiedene »Tatzen«:

Merk-Tatzen
kennzeichnen Ihnen besondere Informationen und zu beachtende Hinweise.

Übungs-Tatzen
beschreiben Ihnen praktische Übungsaufbauten.

Stolper-Tatzen
weisen Sie auf Fehlerquellen und zu beachtende Negativauswirkungen hin.

Wir wünschen Ihnen viel Spaß beim Lesen, gutes Gelingen beim Üben und viele schöne Stunden mit Ihrem vierbeinigen Familienzuwachs!

Ihre Petra Krivy und Angelika Lanzerath, Oktober 2008

Wir schaffen die Basis

1

Vertrauen, Vertrautheit und Beziehungsbildung

Diese Begriffe geben eigentlich die Hauptantwort, wenn es um die Frage geht: »Was muss mein Welpe lernen?« Sie bilden die Basis der gemeinsamen Beziehung, auf welche sich alles Weitere aufbaut und stützt. Dabei ist ausdrücklich zu betonen, dass – wie die Zähne bei einem Zahnrad – das eine in das andere greift, und nur bei optimalem Zusammenspiel aller Komponenten ein befriedigendes Endergebnis zu erwarten ist. Keine intensive Beziehung ohne Vertrauen und keine Bereitschaft, den Menschen zu beachten und ihm zu folgen, ohne Bezug zu ihm. Diese Basisbausteine stehen in absoluter Kausalität zueinander!

Es ist unsere Aufgabe, dem Welpen Führung und Schutz zu geben.

> Wir sprechen in diesem Buch über **Welpen**, also über Hunde, die maximal 16 bis 18 Wochen alt sind! Ältere Hunde sind Junghunde, aber keine Welpen mehr.

Ohne den Hund vermenschlichen zu wollen (und zu dürfen!), lassen sich gerade aus der Kindererziehung viele Dinge auch auf die Anleitung und die Erziehung des Vierbeiners, ja, auf den Umgang mit dem Hund generell, übertragen. Der Unterschied besteht darin, dass wir Kinder zur Selbständigkeit heranführen müssen, sie sollen schließlich ihr Leben einmal eigenständig und selbstverantwortlich meistern können. Der Hund jedoch darf nicht selbständig werden bzw. sich verselbständigen, denn

dann sind die Probleme mit ihm im täglichen Leben vorprogrammiert. Er verbleibt auf dem Status des führungsbedürftigen Kindes, welches unserer Anleitung, unseres Schutzes und unserer Richtungsbestimmung bedarf. Somit entspricht die Mensch-Hund-Beziehung einem Eltern-Nachwuchs-Gefüge!

Die Psychoanalyse definiert nach Erik H. Erikson (1950) das von einem Kind zu entwickelnde Ur-Vertrauen als »Vertrauen in Vertrauen«. Es geht dabei darum, dass sich im Säugling/Kind in den ersten Lebensmonaten ein Gefühl dafür entwickelt, welchen Menschen und welchen Geschehnissen in seiner Umgebung es vertrauen kann – oder eben nicht. Urvertrauen kann nur dann bestmöglich aufgebaut werden, wenn das Kind sich einer konstanten, verlässlichen

11

und umsorgenden Zuwendung sicher sein kann. In diesem Zusammenhang ist auch der Begriff des Ur-Misstrauens wichtig, welches sich im Kind durch frühe Enttäuschungen und Mangel an Liebe und Zuwendung der Bezugspersonen manifestiert.

Urvertrauen wie auch sein Pendant Urmisstrauen sind maßgeblich entscheidend für die Charakterbildung eines Individuums und für dessen Bereitschaft und Fähigkeit, Beziehungen zu seiner sozialen Umwelt aufzubauen, zu intensivieren und zu pflegen.

Diese vorangegangene Exkursion in die Humanpsychologie lässt sich bedenkenlos auf unser Hundekind übertragen! Auch ein Welpe muss Vertrauen entwickeln und mit seinem neuen Umfeld und dem gesamten dazugehörigen Drumherum vertraut gemacht werden. Gansloßer erklärt einleuchtend, »je besser man einen Artgenossen kennt und je größer die Vorhersagbarkeit seines Verhaltens (ist), desto wertvoller wird er als Beziehungspartner. (...) Vertrautheit wird (...) als Vorhersagbarkeit des Verhaltens definiert, und diese Vorhersagbarkeit steigt einerseits mit dem Zeitraum, in dem man sich schon kennt, andererseits natürlich auch mit der Konsistenz des Verhaltens des Betreffenden selbst.« (2007)

Stellen Sie sich einmal vor, Sie würden zur Sommerfrische oder zur Berufsausübung allein in ein fremdes Land zu fremden Menschen geschickt werden. Sie verstehen weder die Sprache, noch sind Sie mit den dort üblichen Regeln des täglichen Lebens vertraut. Sie haben Hunger, Sie haben Durst, Ihnen ist kalt und Sie fühlen sich einsam. Plötzlich stehen Ihnen fremde Personen gegenüber, die, wo-

Die »Menschenwelt« birgt viel Unbekanntes und vermeintlich Bedrohendes für den Welpen, deshalb muss das Hundekind besonnen und umfassend mit ihr vertraut gemacht werden. Ruhe, Geduld und Souveränität der zweibeinigen »Hunde-Eltern« sind gefordert.

möglich noch wild gestikulierend, auf Sie einreden und Ihnen etwas mitteilen wollen. Da Sie nicht verstehen, was von Ihnen erwartet wird, reagieren Sie auch nicht so, wie es gewünscht wird. Eventuell werden die Aktionen Ihres Gegenübers nun noch massiver oder aber Sie werden unverstanden »im Regen stehen gelassen«! Wie fühlen Sie sich in einer solchen Situation? Bestimmt nicht wohl, geborgen und sicher, oder?!

Ähnlich wird es einem Welpen ergehen, wenn er, getrennt von Mutter und Geschwistern und herausgenommen aus seiner bislang vertrauten Umgebung, in sein neues Zuhause bei seinen zukünftigen Menschen Einzug hält. Unser Beispiel berücksichtigend wird leicht

erkennbar, worin eine wesentliche Aufgabe des Menschen in den ersten Tagen und Wochen nach der Welpenübernahme sinnvollerweise besteht: Die ersten »Übungen«, wobei man auch die innigen Kontakte mit dem neuen Familienmitglied so ansehen und nennen könnte, bestehen aus vertrauensbildenden Maßnahmen, die Vertrautheit schaffen, eine sozio-positive Beziehung herstellen und die Bereitschaft des Hundes wecken, dem

Eine vertrauensvolle Beziehung zwischen Mensch und Hund bildet die Basis für ein unbeschwertes Miteinander.

Menschen zu folgen. Dem vierbeinigen Schützling werden Sicherheit, Schutz und Geborgenheit vermittelt, er muss die Erfahrung machen: »Diesen Menschen kannst Du vertrauen, auf sie ist Verlass!«

Dabei ist sicherlich eines der schwierigsten Kriterien für den Menschen, nicht permanent mit dem drolligen, niedlichen Hundekind »herumzukaspern«, sondern bereits vom ersten Tag des Kontakts mit ihm im neuen Zuhause ruhig und besonnen zu agieren und zu reagieren, konsequent und welpenverständlich Regeln aufzustellen und Grenzen zu setzen. Das Hundekind bedarf einer klaren Anleitung, einer gefühlvollen Integration in eine hierarchische Struktur der neu gebildeten sozialen Gruppe.

Auch wenn Interesse, Begeisterung und Sorge rund um das neue Familienmitglied kreisen, so hat der Welpe frühzeitig zu lernen, dass sich nicht das gesamte Universum allein um ihn dreht. Es muss nicht jede direkte Kontaktaufnahme, jeder Blick des Welpen und/oder sonstige Aufforderung des Hundes sofort nach seinem Willen beantwortet werden. Ein: »Nein, jetzt nicht« mit Ignorieren der Aufforderung ist der Welpe durchaus auch von seinen Geschwistern und seiner Mutter gewohnt. Die Beziehung zu ihm wird keinen Schaden nehmen, eher im Gegenteil. Andererseits sollte aber jegliche vom Menschen ausgehende Aufforderung, auf die der Welpe reagiert, positiv besetzt sein und unbedingt bestärkt werden, um zu signalisieren: »Achte auf mich, es lohnt sich für Dich!«

Bindung ist wichtig – doch was bedeutet sie eigentlich in Bezug auf den Welpen?

Ein klar strukturiertes Umfeld verschafft dem Welpen die Sicherheit, die er für ein ausgeglichenes Dasein braucht.

Immer wieder ist zu hören und zu lesen, dass der Hund Bindung zu seinem Menschen aufbauen muss. Grundsätzlich ist das durchaus richtig, in Bezug auf den Welpen sind dabei aber einige Erkenntnisse der Verhaltensforschung richtungsweisend zu beachten. Welpen bis hin zum Junghund von ca. einem halben Jahr entwickeln zwar eine recht stark ausgeprägte Ortsbindung, jedoch noch keine individuell ausgeprägte Personenbindung!

Warum das so ist, beschreibt Zimen bereits 1988 sehr anschaulich und nachvollziehbar: Unsere Hunde verhalten sich grundsätzlich wie verjugendlichte Wölfe (Fetalisation). Zwischen der Entwicklung der Hunde- und Wolfswelpen gibt es erstmal kaum wesentliche Unterschiede. Erst in der späteren Entwicklung der beiden Canidenarten sorgen die Domestikationserfolge dafür, dass im Entwicklungsvergleich Hunde auf dem Jugendstadium eines Wolfes

stehen bleiben und nicht das ausgeprägte Scheue-Verhalten und die Fluchttendenzen ihres Ur-Ahnen aufweisen. Voraussetzung ist natürlich eine gute, umfassende Sozialisation des Haushundes.

Wolfswelpen begegnen Artgenossen grundsätzlich freundlich und unterwürfig. Sie demonstrieren überschwänglich kindliche Abhängigkeit, um »so den Fremden zu verstärktem Fürsorgeverhalten zu animieren«. Zimen bezeichnet dieses Verhalten als Überlebensstrategie, »infantile Freundlichkeit (...) des Welpen als ›Waffe‹«. Dieses generelle freundliche Verhalten Artgenossen, aber auch Menschen gegenüber, sehen wir auch bei unseren Hundewelpen. »Freundliches Verhalten gegenüber Fremden ist nicht Ausdruck der Bindungsschwäche gegenüber seinem Herrn, (...) sondern ein Anzeichen dafür, dass diesen Hunden die große Kontaktbereitschaft des jungen Wolfes erhalten blieb.« Wolfswelpen, wie Hundewelpen auch, laufen ungerichtet ihnen bekannten Lebewesen hinterher. Anfangs bleiben sie in relativer Nähe, weisen aber deutliches Unbehagen auf, wenn es in unbekanntes Terrain geht. Erst im Alter von drei Monaten lassen sie sich locken und motivieren, auch bislang fremde Pfade zu beschreiten. »Diese Ortsbindung bleibt bis zum Alter von etwa fünf bis sechs Monaten bestehen.« Das Verhalten erklärt sich aus der biologischen Entwicklung des jungen Wolfes, denn erst im Alter von ungefähr »einem halben Jahr (ist er) kräftig genug (...), den älteren Tieren auf längeren Wanderungen zu folgen.« (Zimen) Außerdem ist der ortstreue Welpe leicht und problemlos von den Alttieren wieder auffindbar, wenn diese mit Futter von Jagdstreifzügen zurückkehren.

> Welpen kennen in diesem Alter noch keine individuelle Personenbindung und können diese aus verhaltensbiologischen Gründen auch noch nicht entwickeln! Für Welpen ist aber die ihnen eigene, biologisch begründete Ortsbindung typisch.

Die vorangegangenen Ausführungen bieten weitere Ansatzpunkte für die »Unterrichtsinhalte« des »Hundekindes. Einerseits soll der Welpe viele positiv besetzte Kontakte knüpfen und seine nächste Umgebung erkunden können, andererseits darf er hierbei aber nicht überfordert werden. Gansloßer betont in seiner »Verhaltensbiologie für Hundehalter« ebenfalls, dass Welpen »bis zum Alter von acht bis zehn Wochen kaum größere Exkursionen unternehmen«. Weiter betont er die

Notwendigkeit, »den Welpen und Junghunden unterschiedliche Umweltreize in zu bewältigender Form und zu bewältigendem Ausmaß zu präsentieren«, weist aber gleichzeitig darauf hin, dass »dies jedoch besser dadurch geschieht, dass man die Welpen entweder mit diesen Reizen zu Hause oder in der nächsten Umgebung der Wohnung konfrontiert.« Damit spricht sich Gansloßer keinesfalls gegen die sinnvolle Teilnahme an Welpengruppen oder sonstigen Aktivitäten mit dem jungen Hund aus, rät vielmehr eindringlich dazu, das Hundekind zu diesen Treffpunkten im Körbchen, in der Box oder im Auto zu transportieren, da lange »Spaziergänge (...) sowohl verhaltensbiologisch als auch orthopädisch in jedem Fall abzulehnen sind«.

Und damit landen wir bei einer Gretchenfrage, die Ihnen kein Buch und kein seriöser Hundetrainer mit einer konkreten Zeitmaß-Angabe beantworten kann, nämlich wie lange ein Welpe am Stück laufen darf. Welpen haben einen ebenso ausgeprägten Bewegungsdrang wie Menschenkinder auch. Dieser Bewegungsdrang differiert etwas nach Rasse, individuellem Typ und Alter. In manchen Internetveröffentlichungen ist zu lesen, dass ein Welpe nur 5 Minuten pro Lebensmonat bewegt werden dürfe, also ein viermonatiges Hundekind gerade mal zwanzig Minuten! Damit ist der normale Durchschnittswelpe aber sicher definitiv nicht müde, geschweige denn ausgelastet.

Alle Welpen sind voller Elan und Temperament, doch gibt es unterschiedliche rasse- und typgebundene Ausprägungen. Es ist nicht immer einfach, den schmalen Grat zwischen Unter- und Überforderung zu erkennen. ▶

Welpen beißen gern spielerisch in die Leine. Häufig reicht es aus, auf dieses Verhalten gar nicht einzugehen, um es für den kleinen Racker langweilig werden zu lassen.

Wen verwundert es dann noch, wenn er Alternativen sucht, um seine überschüssige Energie zu verbrauchen, und sich deshalb z.B. tatkräftig in der Verwüstung der Wohnung engagiert? Zugegeben, die Frage der Beschäftigungsdauer und Bewegungsintensität des Hundekindes ist eine Gratwanderung zwischen Über- und Unterforderung. Grundsätzlich kann man aber sagen, dass so lange, wie der Welpe ausgelassen spielt und beim Spaziergang noch froh gelaunt voranstürmt, er sicherlich noch nicht müde und überfordert ist. Setzt oder legt er sich aber häufig hin, so wird es ihm zu viel und er sollte zuhause zur Ruhe kommen können. Die Länge eines Spaziergangs ist daher individuell zu sehen und zu bestimmen. Und es muss deutlich unterschieden werden, ob der Welpe spielt und sich frei bewegt (und somit ungehindert anzeigen kann, wann es ihm zu viel wird) oder ob er angeleint mitgeführt und womöglich nach einer Weile nur noch hinterhergeschleift wird.

 Wie erkenne ich Über-/Unterforderung meines Welpens?

Mögliche Anzeichen für Überforderung können sein: Der Kleine setzt sich häufig hin, läuft beim Spaziergang nicht mehr vor, sondern bleibt zurück. An der Leine beginnt er zu »bocken«. Er wird unaufmerksam. Er zeigt häufiges Kratzen und Gähnen. Mögliche Anzeichen für Unterforderung können sein: Der Welpe ist unruhig und stellt zu Hause »die Bude auf den Kopf«. Er ist extrem aufdringlich und »nervtötend«.

Auch wenn sich die individuelle Personenbindung, die von Gansloßer als »Bestreben nach Aufrechterhaltung der Nähe zu einem spezifischen Partner definiert wird, der nicht von einem anderen der gleichen sozialen Kategorie ohne weiteres ersetzt werden kann«, erst zu Beginn des Jugendalters, also ab ca. 5./6. Monat entwickelt, so verhelfen dem Welpen innige Kontakte mit dem Menschen vom ersten Lebenstag an zu verstärkter psychischer Stabilität, besserer Stressbewältigung und einprägender Sozialisation. Dies beginnt bereits beim Züchter und wird vom Welpenkäufer weiter aufgebaut und intensiviert.

Derartige Maßnahmen sind umso wichtiger, wenn man sich die Tragweite etwaiger Versäumnisse vor Augen führt: Mangelnde Vertrautheit mit Menschen und/oder Umwelt-reizen führt zu erlernter Hilflosigkeit. D.h., der Hund lernt, dass bestimmte Menschen für ihn nicht kalkulierbar sind, er bestimmten Situationen nicht gewachsen ist und scheitern wird. Letztlich wird er gar nichts mehr versuchen und tun und vor den Anforderungen des täglichen Lebens kapitulieren. Es macht ja schließlich der die wenigsten Fehler, der gar nichts tut! »Wenn das dann generalisiert wird und von einer einzigen Beziehung auf alle, oder zumindest viele Beziehungen mit Artgenossen übertragen wird, haben wir ein schwer beziehungsgestörtes Individuum vor uns, wie es beispielsweise auch Hunde bei permanenter Überforderung und permanenter Negativbestärkung in Dressur und Trainingsakten zeigen können.« (Gansloßer)

Da Sie ein solches Resultat für das zukünftige Leben mit Ihrem Welpen sicherlich nicht erzielen wollen, zeigen wir Ihnen nachfolgend einige praktische Übungen zum Beziehungsaufbau und zur Entwicklung von Vertrauen in den Menschen und zur Verdeutlichung einer klar strukturierten Mensch-Hund-Partnerschaft.

Übungen zum Beziehungsaufbau

Ich heiße ...

Wenn das Hundekind bei Ihnen einzieht, ist ihm noch nicht bewusst, dass Sie ihm einen individuellen Namen gegeben haben! Im positiv besetzten Umgang mit ihm lernt der Kleine aber schnell, dass mit diesem bestimmten Wort nur er gemeint ist. Hilfreich für Sie und Ihren Hund ist, wenn Sie einen Namen wählen, der nicht zu dumpf klingt und auf tiefe Vokale endet (wie z.B. Bruno, Medu u.a.). Hellklingende Namen animieren eher, auf diesen Laut zu reagieren. Zeigen Sie Ihrem Welpen, dass es sich lohnt, auf den Namen zu reagieren: Sprechen Sie ihn freundlich mit diesem Wort an und geben Sie ihm ein Futterbröckchen. Schnell verknüpft der Kleine den Klang seines Namens mit Futter und Sie können einen Schritt weiter in der »Lern-deinen-Namen-Lektion« gehen. Entfernen Sie sich ein paar Schritte vom Welpen und sprechen ihn mit seinem Namen an. Den Futterbrocken halten Sie bereits für ihn sichtbar in der Hand. Er kommt zu Ihnen und holt sich seine Belohnung ab. »Wow, das Wort ist toll!

Ich bin gemeint, ich bekomme etwas, wenn das Wort erklingt, und das hängt auch noch mit meinem tollen Menschen zusammen!«
Die nächste Steigerung wäre dann, den Welpen anzusprechen, wenn er nicht bereits auf Sie aufmerksam ist. Aus dieser Abfolge entwickelt sich später die erste Heranruf-Übung.

Wir sind uns nah!

Setzen oder legen Sie sich zu Ihrem Welpen auf den Boden. Streicheln und liebkosen Sie ihn überall an seinem Körper. Lassen Sie den Welpen auch ruhig auf Ihnen herumklettern. Fängt er an, Sie zu beknabbern oder zu beißen,

Im sozio-positiven Umgang mit dem Menschen lernt der Welpe, wem er vertrauen kann, wer für ihn sorgt, wem zu folgen es sich lohnt.

so rufen Sie mit hoher Stimme »Au!« und unterbrechen sofort den Kontakt. Zeigt er sich daraufhin wieder vorsichtig und mäßigt sein Verhalten, so erhält er zur Belohnung weiterhin Ihren freundlichen Kontakt zu ihm. Wird er massiver in seinem Verhalten, so maßregeln Sie ihn deutlicher, z.B. durch ein klares »Nein«. Und wieder wird der Kontakt unterbrochen.

Dem Welpen wird auf diese Weise Beißhemmung anerzogen. Dieses Verhalten ist ihm nicht angeboren, sondern er muss es im sozialen Umgang lernen. Der Hund variiert sein Verhalten, indem er die Reaktion des Menschen als Maßstab erfährt. Da er die Nähe und den Kontakt sucht und wünscht, lernt er durch Erfolg und Misserfolg: Ich verhalte mich so und werde gestreichelt und geknuddelt, bzw. ich verhalte mich anders und der Mensch bricht den Kontakt zu mir ab. Die Folge, ich bin allein.

Dabei müssen bestätigende Gesten (Streicheln) und abbrechende Signale (»Nein« oder »Au« und Kontaktabbruch) im zeitlich korrekten Wechsel erfolgen, was unter Umständen sehr schnelle Reaktionen des Menschen verlangt. Nur auf den Punkt terminierte und angemessene Reaktionen werden vom Welpen so verstanden, wie sie vom Menschen gemeint sind.

> Reaktionen auf das Verhalten des Welpen – und des Hundes generell – müssen unmittelbar erfolgen, damit der Hund es mit seinem zuletzt gezeigten Verhalten in Verbindung bringen kann. Das heißt, dass nur eine Sekunde Zeit bleibt, um den Hund für erwünschtes Verhalten zu loben bzw. unerwünschtes Verhalten mittels Abbruchsignal zu korrigieren.

»Achte auf mich«

Zur Intensivierung der Beziehung und damit der Welpe lernt, Sie zu beachten, eignen sich Spiele wie z.B. »Verstecken«: Ist der Welpe gerade an allem Möglichen interessiert, achtet aber gar nicht auf Sie, so verstecken Sie sich und rufen seinen Namen. Hierbei ist es wichtig zu beachten, dass Sie einerseits nicht zu weit vom Welpen entfernt sind, denn sein Blickfeld ist noch nicht so umfassend, und andererseits nicht einfach reglos verharren, da Welpen noch nicht in der Lage sind, statische Dinge eindeutig zu erkennen und zuzuordnen.

Eine Variante der Aufmerksamkeitsschulung ist, mit Juchzen und Jauchzen einfach wegzulaufen, wenn das Hundekind mit lauter anderen »wichtigen« Dingen beschäftigt ist. Kommt es hinterher, wird es überschwänglich mit Stimme, Streicheleinheiten und/oder Futter belohnt. Wieder erfährt es: Es lohnt sich, auf den Menschen zu achten!

Zuwendung und Zurechtweisung müssen im exakt dem Verhalten des Welpen angepassten Wechsel erfolgen, damit er lernen kann, was richtig und was falsch ist.

Bedenken Sie: Um eine Beziehung einzugehen, bedarf es einer gewissen Attraktivität des potentiellen Beziehungspartners. Das geht uns Menschen auch nicht anders. Machen Sie sich attraktiv und interessant für Ihren Hund. Gansloßer weist ausdrücklich darauf hin, dass Attraktivität die »Beziehungsfähigkeit stark beeinflusst« und erklärt, dass unter dem Begriff der Attraktivität Eigenschaften zu verstehen sind wie »Status, Rangposition, Revierbesitz, Herrschaftswissen, aber auch die Fähigkeit, (bestimmte) Dinge zu tun«. Somit erklärt sich, dass Welpen die Menschen als attraktiv bewerten, von denen sie klare Signale eines sozio-positiven Umgangs (auch Beschäftigung), Richtungsweisung und Schutz erfahren.

Konditionierung auf die Pfeife

Durchweg empfehlenswert ist es, einen Welpen auf eine Pfeife zu konditionieren. Das Signal einer einfachen Hundepfeife ist von verschiedenen Personen der Familie gleichermaßen einsetzbar. Egal, wer die Pfeife benutzt, ihr Pfiff bedeutet immer das Gleiche, ist dabei völlig emotionslos und somit nicht tagesabhängigen Stimmungsschwankungen unterworfen, wie es die menschliche Stimme nach Stress, Ärger oder Sorgen durchaus sein kann. Im Idealfall hat der Züchter hier den Grundstein gelegt und die Welpen zu den Fütterungszeiten bereits mit der Pfeife vertraut gemacht. Wir empfehlen eine einfache Büffelhorn-Hundepfeife, da die sogenannten »lautlosen« Pfeifen individuell mittels Justierrädchen eingestellt werden müssen und sich sehr leicht verstellen. Geräusche, die wir Menschen gut hören, hört auch der Hund.

Reagiert er nicht auf den Pfiff, hat dieser für ihn keine Bedeutung. Es kann aber auch sein, dass er ihn einfach nur ignoriert oder dass er schlimmstenfalls taub ist.

Mit Hilfe gezielter Übungen kann man dem Hund die Bedeutung des Pfiffs nahebringen. Zwei dem Hund vertraute Personen stehen sich mit ihren Pfeifen in geringem Abstand gegenüber. Nun wird der Hund mit einem Pfiff hin- und hergelockt. Jedes Kommen auf Pfiff wird natürlich vom jeweiligen Menschen sofort mit einem Futterbrocken belohnt. Auch hier gilt wieder: Wiederholen Sie die Übung nicht zu oft hintereinander, sondern machen Sie sie lieber ein paar mal am Tag.

> **Konditionierung** bedeutet, dem Hund einen Zusammenhang zwischen einer bestimmten Handlung und der resultierenden Konsequenz zu verdeutlichen, hier also Pfiff = Kommen = Belohnung.

Wir spielen zusammen

Beim Spiel wird zwischen Objektspielen (Spiel mit Gegenständen), Solitärspielen (Spiel mit sich selbst) und Sozialspielen (Spiel mit Partner/n) unterschieden. Je nach Temperament und Stimmungslage des Welpen beschäftigt er sich durchaus auch gern mal mit sich selbst, bevorzugt doch zumeist das interaktive Spiel, das heißt, das Spiel mit einem oder mehreren Mitspielern. Gemeinsames sinnvolles Spiel mit dem Welpen ist häufig schwieriger, als es sich der Mensch vorstellt! Sagen wir den Hundebesitzer in unseren Hundegruppen: »Spielen Sie doch mal ein paar Minuten mit Ihrem Hund!«, kommt nicht selten ein ratloser Blick und die Antwort: »Wir haben gar kein Spielzeug dabei.« Mit dem Hund zu spielen bedeutet aber nicht nur, Bälle oder Stöckchen zu werfen oder Zerrspiele mit Gegenständen zu veranstalten.

Interaktives Spiel

Probieren Sie doch auch einmal Spielsequenzen aus, in denen Sie sich selbst als Spielpartner zur Verfügung stellen. Sie können Ihren kleinen Hundeknirps sanft rempeln, schubsen, Ihren Fingern nachjagen lassen, mit den Händen auf den Boden klopfen, den Welpen zum Klettern auf Ihrem Körper animieren usw.

Auch hier kann der Mensch vom Umgang der Mutter oder der »Kindermädchen-Althunde« mit den Hundekindern bzw. der Geschwister untereinander einiges lernen! Auch, wenn das Spiel noch so viel Spaß macht, darf der Welpe nicht unnötig »aufgedreht« oder überanstrengt werden. Lieber kurze, intensive Spieleinheiten gestalten, die dann ruhig auch mehrmals am Tag stattfinden dürfen.

Sich mit dem Welpen zu beschäftigen macht Spaß und dient dem Beziehungsaufbau.

Ein Welpe muss nicht immer als »Verlierer« aus jeglicher Interaktion mit einem Althund oder dem Menschen hervorgehen, damit ihm Rang und Status demonstriert werden.

Objektspiel

Wenn Sie mit dem Welpen mit einem Spielzeug spielen, darf zwischendurch durchaus die kleine Fellnase als Sieger aus dem Spiel hervorgehen. Auch im Spiel mit Artgenossen wird situativ entschieden und nicht starr nach Rangstatus! Entscheidend für den Verlauf des Spiels mit einem Gegenstand ist einzig und allein, welche Wertigkeit der ranghöhere Spielpartner der vermeintlichen Beute im Augenblick zuspricht. Wird die Beute vom Übergeordneten beansprucht, so entwickelt sich kein »Spiel« (Kampf) darum, die Beute wird genommen, Diskussionen werden nicht zugelassen. Hat sie jedoch momentan keinen hohen Stellenwert, so wird sie durchaus und ohne großen Kommentar auch Rangniederen überlassen. Somit bricht dem Menschen kein Zacken aus der Krone und es entsteht auch kein »Dominanzproblem«, wenn er dem Welpen einfach einmal einen Spielgegenstand überlässt und der Hund das »Siegertreppchen« erklimmen darf. Für das nächste Spiel werden die Karten neu gemischt werden. Das kennt der Welpe, das ist ihm aus Spielsequenzen mit Artgenossen bekannt, und das kann er verstehen und verarbeiten!

An dieser Stelle ein paar Anmerkungen zu sinnvollen bzw. eventuell gefährlichen Spielzeugarten: Der beliebte Tennisball ist für einen Hundewelpen kein geeignetes Spielzeug.

Der gelbe Filzüberzug der Bälle ist zwar bestens geeignet, um dem passionierten Tennisspieler gekonnte Spins zu ermöglichen, wirkt sich auf Hundezähne aber wie feines Schmirgelpapier aus.

Wenn Sie mit Ihrem Welpen mit einem Tennisball spielen wollen, stecken Sie den Ball am besten in eine Tennissocke und sichern ihn darin mit einem Knoten. Schon ist ein tolles und ungefährliches Spielzeug entstanden. Auch ein altes Handtuch, in das man einen Knoten macht, eignet sich gut zum Um-die-Ohren-Schlackern und ist ebenso beliebt und empfehlenswert wie die Baumwoll-Taue, die es als Hundespielzeug zu kaufen gibt. Hun-despielzeug aus Hartgummi ist generell unbedenklich, vorausgesetzt, die Größe wird so gewählt, dass es nicht vom Welpen verschluckt werden kann. Auch mit einem großen Gelenkknochen vom Rind, Kalb, Pferd oder Schaf lässt sich wunderbar die Zeit verbringen! (Geben Sie dem Hund niemals Knochen und/oder rohes Fleisch vom Schwein. Im Schweinefleisch kann das für Hunde tödliche (für Menschen jedoch ungefährliche) Aujezky-Virus enthalten sein. Kochen tötet das Virus angeblich ab, doch Vorsicht ist geboten.)

Unsere Welpen, aber auch die Junghunde und selbst die erwachsenen Vierbeiner, beschäftigen sich begeistert mit Pappkartons. Sie können durch die Gegend geschoben werden, man kann sich in ihnen verstecken und auch schon mal ein Leckerchen darin finden. Die ablehnende Haltung gegenüber Spielzeug mit Quietsche wird von uns nicht geteilt. Angeblich würden Hunde dadurch ihre Beißhemmung gegen Artgenossen verlieren, weil diese ja auch »quietschen«, wenn ein Gerangel zu heftig wird. Wir fragen uns, für wie dumm denn hier unsere Hunde gehalten werden? Hunde können mit ihrem extrem guten Gehör sehr wohl zwischen dem Quietschen eines Spielzeugs und dem eines Artgenossen oder womöglich dem eines Menschen unterscheiden! Allerdings sollte ein solches Spielzeug nur unter Aufsicht zugelassen werden, denn gern betätigen sich Hunde auch als »Püppchen-Chirurgen« und sezieren den flauschigen Spiel-Teddy. Dabei wird dann das aus Plastik bestehende Quietsch-Objekt freigelegt, was beim Verschlucken gesundheitlich nicht unbedenklich ist.

Ich geh' nicht »nackt« auf die Straße ...

Die meisten sorgfältig arbeitenden Züchter gewöhnen den Welpen bereits frühzeitig vor Abholung durch die neuen Besitzer an das Tragen eines Halsbandes oder Brustgeschirrs. Wir handhaben es bei unseren Würfen in der Regel so, dass die Welpen ihr »Outdoor-Outfit« angelegt bekommen, bevor sie fressen, und es anfangs nach dem Vertilgen der Mahlzeit gleich wieder ausgezogen wird. So verbinden die Welpen das irritierende und störende Etwas um Hals oder Brust mit dem Angenehmen, dem Futter. Auch beim Spiel lassen sich Halsband und/oder Brustgeschirr problemlos anlegen, vorausgesetzt, sie sind gut angepasst, damit kein anderer Welpe daran hängenbleiben kann.

Nicht immer zeigt ein Welpe sich sofort einsichtig, wenn es um die Notwendigkeit seines »Outdoor Outfits« geht.

Relativ flott akzeptieren die Kleinen so dieses notwendige Zubehör, wenn auch gelegentlich durch Kratzen signalisiert wird, dass es ihnen doch noch nicht so ganz gut gefällt.

Hat sich das Hundekind an den ersten Teil der Ausgehgarnitur gewöhnt, wird anfangs eine kurze, leichte Leine ins Halsband eingeklinkt. Man lässt sie den Hund einfach hinter sich herziehen. So gewöhnt er sich an einen leichten Druck gegen Halsband und Geschirr und akzeptiert schneller die Leine, wenn sie von Ihnen in der Hand gehalten wird. Wieder können Sie den Hund (ausgestattet mit Halsband und Leine!) über Futter oder auch über ein interessantes Spielzeug motivieren, Ihnen zu folgen, und die Erfahrung zu machen, dass sich in Gemeinschaft mit Ihnen tolle Dinge erleben lassen.

Welpe und Lernverhalten

Wie ein Welpe lernt

Nicht selten landen Besitzer mit pubertierenden und/oder erwachsenen Hunden in den Sprechstunden von Verhaltensberatern oder Hundetrainern, weil die Hunde zu »Problemfällen« mutieren. In der Regel zeigen die Hunde kein eigentliches Problemverhalten, sondern legen bestimmte Verhaltensweisen an den Tag, die von ihren Besitzern als problematisch im Zusammenhang mit der eigenen häuslichen Umgebung oder dem Umgang mit den Hunden im Alltag empfunden werden. Im Grunde sind es Hunde, die Ungehorsam zeigen, keine Grenzen und Regeln kennen und für sich selbst ein durchaus lustiges, unkontrolliertes Leben führen. Wir bezeichnen solche Hunde gern als »Düdelü-Hunde«, da sie, wenn sie es könnten, sicherlich den ganzen Tag fröhlich vor sich hinpfeifen würden, und sich köstlich über die verzweifelten Versuche ihrer Menschen amüsieren, sich auch nur halbwegs in Entscheidungssituationen durchzusetzen und die Richtung anzugeben. Aber manchmal zeigen sich diese Hunde dann doch auch kooperativ und befolgen Anweisungen – wenn sie gerade nichts Besseres zu tun haben!

Die Wurzeln dieser »Probleme« liegen zumeist bereits im Welpenalter der Hunde. Solange der Welpe klein und putzig war, durfte er alles und sorgte mit seinen diversen Eskapaden sogar für allgemeine Erheiterung. Mit einem so kleinen Racker kann man doch noch nicht schimpfen, geschweige denn ihn reglementieren! Oder etwa doch?

Um zu verstehen, wie einem Welpen Grenzen vermittelt werden können, innerhalb derer er sich bewegen darf, ist es nötig, sich ein wenig mit dem Lernverhalten von Hunden auseinanderzusetzen. Wir möchten Ihnen nachfolgend einige wesentliche Basisinformationen geben, die für Sie im Umgang mit Ihrem Welpen von Interesse sind.

Allgemein bedeutet »Lernen« für alle Lebewesen das Gleiche: Den Erwerb von körperlichen, geistigen, aber auch sozialen Fähigkeiten und Fertigkeiten, um sich den Anforderungen des täglichen Lebens stellen zu können bzw. ihnen gewachsen zu sein. Lernen befähigt das Individuum u.a. dazu, sinnvoll zu handeln, eigenes Verhalten an bestimmte Situationen anzupassen, individuelle Interessen durchzusetzen und Problemstellungen im eigenen Sinne zu lösen. Das trifft auch auf unsere Hunde zu! Hierbei ist von großer Bedeutung, dass Hunde (wie auch Menschen zu ca. 70 %) zu einem großen Anteil »beiläufig« lernen, also nicht lernen, um des Lernens willen, sondern anhand von Aktion und Reaktion.

Zur Veranschaulichung wieder ein Beispiel: Sie fahren nach Spanien in den Urlaub, sprechen aber kein Wort Spanisch und treffen auch niemanden, der Ihre Sprache versteht. Es ist heiß und Sie möchten an den Strand. Aber wo ist der Strand und wie kommen Sie dort hin? Mit entsprechenden Gesten und Handzeichen auf Badehose, Schwimmreifen und Kokosmatte sprechen Sie einen einheimischen Passanten an. Dieser kombiniert, versteht, ruft: »Ah, Playa!« und weist Ihnen die Richtung. Ohne Wörterbuch, Sprachkurs und Stadtplan sind Sie ans Ziel gekommen. Sie wissen künftig, dass »playa« das Wort für Strand ist und wie Sie von hier

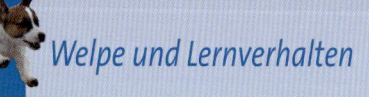
dort hingelangen. Da Sie dies aufgrund von In-
formationen gelernt haben, wird diese Form
des Lernens auch als informelles (inzidentiel-
les) Lernen bezeichnet. In der Humanpsychologie wird außerdem der Begriff des impli-
zierten Lernens benutzt, der ein unbewusstes,
spielerisches Lernen als Form der Aneignung
bestimmter Fähigkeiten und Fertigkeiten bezeichnet. Was hat das mit unserem Welpen zu
tun? Sehr viel! Der Welpe lernt aktiv wie passiv. Er lernt, wenn ich dies oder jenes mache,
geschieht dies oder jenes (aktiv). Und er lernt,
wenn dies oder jenes passiert, geschieht dies

oder jenes mit mir (passiv). Diese Formen des
Lernens finden Stunde um Stunde, Tag für Tag
statt. Somit wird deutlich, dass alles, was mit
dem Hundekind und um es herum geschieht,
einen Lerneffekt auf es ausübt – positiv wie
negativ.
Hier ist wichtig zu erwähnen, dass Hunde jeweils nur die direkten Folgen und Reaktionen
mit der vorangegangenen Situation in Zusammenhang bringen. Aus diesem Grund muss der
Menschen ein bestimmtes Verhalten des Hundes unmittelbar, also innerhalb einer Sekunde,
bestätigen oder negieren.

Beispiele zur Verdeutlichung

Stubenreinheit

Sie bemerken, dass Ihr Welpe sich gerade gezielt positioniert, um sein großes oder kleines Geschäft auf den echten Perser zu setzen. Ein: »Warte, bis ich mir die Schuhe angezogen habe und Dich rausbringe!« können Sie sich getrost sparen, er wird mit der Verrichtung schneller sein und Ihre Aufregung nicht verstehen. Lernerfolg gleich null, zumindest für den Hund! Allerdings dürften Sie gelernt haben, dass Ihr Verhalten zu dieser Situation nicht passt, was ein Beispiel für informelles Lernen wäre! Stattdessen kann eine Möglichkeit, dem Welpen erwünschtes Verhalten beizubringen, folgende sein: Erschrecken Sie ihn, bevor der erste Tropfen auf dem Teppich landet, durch Klatschen in die Hände oder durch ein deutliches »Nein!«. Nehmen Sie den Hund dann schnell auf den

Arm, setzen ihn im Garten auf die Wiese und loben ihn mit freundlicher Stimme und Leckerchen, wenn er sich draußen entleert hat. So lernt er aufgrund Ihres unterschiedlichen Verhaltens (drinnen donnerndes »Nein«, draußen freundliches »Braaaaaaaav!« und Leckerchen), was von ihm erwartet wird.

Und bedenken Sie bitte: Ein Welpe muss auch in der Nacht noch ein- bis zweimal nach draußen! Daher ist gerade für das nächtliche Stubenreinheits-Training die Hundebox, an die der Welpe im Vorfeld aber gewöhnt werden muss, eine große Hilfe! Zusätzlich bietet diese Box Sicherheit beim Transport des Hundes und erweist auch gute Dienste, wenn der Vierbeiner mit in den Urlaub fährt und sein »trautes Heim« in Form der Box mitnehmen kann. Herrchen und Frauchen können beruhigt zum Essen gehen, ohne Bedenken haben zu müssen, dass der im Hotelzimmer oder in der Ferienwohnung zurückbleibende Hund das Feriendomizil umdekoriert oder als eigenen Besitz markiert.

Finden Sie die Pfütze oder den wohlduftenden Haufen im Haus, dann verzichten Sie bitte auf jegliche Korrekturmaßnahmen des Hundes. Das Malheur ist geschehen, und der Hund würde Ihre Aufregung darüber nicht als Rüge verstehen, sondern im Zweifelsfalle als Begeisterungssturm. Somit wäre natürlich auch verständlich, warum er sich darum bemüht, Ihnen diesen »Spaß« bei nächster Gelegenheit wieder zu gönnen und erneut seine Notdurft im Haus verrichtet. Denken Sie an die Ausführungen zum Lernverhalten! Hat der Welpe sich im Haus entleert, war nicht er »ungezogen«, sondern Sie waren unachtsam.

Nach dem Fressen, nach dem Schlafen und häufig auch während des Spielens überkommt den Kleinen der plötzliche Drang, sein Geschäft zu erledigen. Er kann diesen Drang noch nicht kontrollieren, daher ist Ihr wachsames Auge gefordert und der gezielte »Zugriff« im entscheidenden Augenblick notwendig, um den Hund an die erlaubte Toilettenstelle außerhalb des Hauses zu führen. Je sorgfältiger Sie den Welpen in den ersten Tagen beobachten, desto schneller ist er stubenrein und wird eventuell auch von selber signalisieren, dass er jetzt gerade unbedingt an diese Stelle gehen muss. Häufig ist zu hören: »Der weiß ganz genau, was er gemacht hat! Der kommt schon mit einem schlechten Gewissen um die Ecke!« Auch wenn Sie felsenfest von dieser Meinung überzeugt sind: es ist nicht so! Der Welpe weiß weder, was er in Ihren Augen falsch gemacht hat, noch scharwenzelt er aufgrund eines »schlechten Gewissens« um Sie herum. Warum verhält er sich dann so? Ganz einfach: Er reagiert auf Ihre körpersprachlichen Signale, die Sie ihm senden, wenn Sie beim Anblick des Malheurs innerlich grollend im Raume stehen und Ihre gesamte Ausstrahlung nichts Gutes verheißt. Nicht mehr und nicht weniger! Nochmal: Hunde sind Meister im Entschlüsseln unserer Körpersignale!

Eine Anmerkung am Rande: Kot und Urin sind nicht nur körperliche Ausscheidungen, sondern auch Kommunikationsmittel unter Hunden. Aus diesem Grund ist es vielen jungen Hunden sehr unangenehm bis unmöglich, sich an unbekannten und/oder ihrer Einschätzung nach unsicheren Orten zu entleeren. Setzen sie doch damit für alle anderen Artgenossen der Umgebung den Hinweis: »Hier gibt es mich jetzt auch noch!« Gerade sehr junge Hunde ziehen es häufig vor, ihre Geschäfte nur in ihnen wohl vertrautem Terrain zu verrichten, sei dies der heimische Garten – oder eben anfangs auch das Haus. Dies wird sich aber mit zunehmendem Alter und wachsendem Selbstbewusstsein ändern, so dass man keine Bedenken haben muss, wenn der Welpe in der ersten Zeit in den Garten geht, um sich dort zu entleeren. Wenn er älter ist, wird er den Garten als sein Revier betrachten, das er weitestgehend sauber hält und nur noch in äußerster Not verunreinigt.

Sachen stehlen

Ein beliebtes Welpen-Betätigungsfeld ist das Aufnehmen von Sachen, die an sich für ihn verboten sind (Brillenetui, Handy, Fernbedienung usw.), was er aber erst mal ja nicht ahnen kann, denn der Unterschied zwischen dem auf dem Boden liegenden (erlaubten!) Spielzeug und der auf dem niedrigen Couchtisch liegenden Fernbedienung (verboten!) hat sich ihm noch nicht erschlossen. So verläuft die Geschichte auch in fast jedem Haushalt mit Welpen ähnlich: der Hund hat etwas geklaut und der Mensch jagt ihm nun durch das ganze Haus hinterher, um es ihm wieder abzuluchsen. Super Beschäftigungsspiel (für den Hund!)! Lernerfolg: Zeig dem Menschen, dass Du etwas hast, und er läuft Dir (zumeist chancenlos) hinterher ... Wie hätten Sie solch eine Situation besser und für den Hund verständlicher lösen können? Durch Nichtbeachtung der Aktion des Hundes! Erzielt der Welpe mit seinem Verhalten keinerlei Reaktion von Ihnen, so wird diese Aktion als

uninteressant und nicht fortsetzungs-
würdig bewertet werden. Fruchtet das
Ignorieren nicht, so muss eine für den
Hund verständliche Maßnahme nach
Vorbild seiner Artgenossen erfolgen,
z.B. ein sanftes Runterdrücken auf den
Boden bei gleichzeitigem, deutlichem
»Nein!« – vorausgesetzt, Sie bekommen
ihn zu fassen. Unterlässt er seinen »Ter-
rorakt«, so folgt sofort das freundlich
bestätigende »Braaaav!« bei Lockerung
des Griffs. Setzt er erneut an, so wird er
wieder sanft auf den Boden gedrückt.

Haben Sie Probleme, den Hund in solch
einer Situation einzufangen, so können
Sie dem Welpen zu Übungszwecken
eine längere Hausleine anlegen (z.B.
5 m Schleppleine ohne Handschlaufe,
damit der Hund nirgendwo hängen
bleibt). Der Welpe wird über ihre außergewöhnlichen Fähigkeiten, ihn sogar
aus größerer Entfernung stoppen und
korrigieren zu können, verblüfft sein!

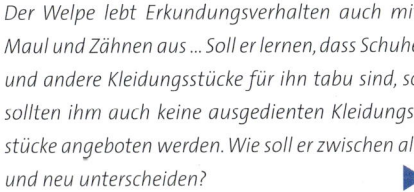

*Der Welpe lebt Erkundungsverhalten auch mit
Maul und Zähnen aus ... Soll er lernen, dass Schuhe
und andere Kleidungsstücke für ihn tabu sind, so
sollten ihm auch keine ausgedienten Kleidungsstücke angeboten werden. Wie soll er zwischen alt
und neu unterscheiden?* ▶

Gut zu wissen

Nichtbeachtung als Reaktion auf unerwünschtes Verhalten ist der erste Lösungsansatz für die Anleitung eines Welpen. Wir sprechen hier nicht von einem Junghund oder womöglich von einem erwachsenen Vertreter, nicht dass das falsch verstanden wird! Sie können einem Jogger, bei dem sich gerade Ihr einjähriger Hund in der Wade verbissen hat, definitiv nicht erklären, dass Ihr Hund sein Erkundungsverhalten auslebt und Sie ihm durch Nichtbeachtung demonstrieren, wie unerwünscht sein Verhalten ist. Das Ignorieren der »Missetat« wird sicherlich nicht nach einmaliger Anwendung sofort zum angestrebten Ziel führen! Seien Sie mindestens so hartnäckig mit dem Ignorieren, wie der Welpe es mit dem Zeigen unerwünschter Verhaltensweisen sein kann – sofern die Situation das Ignorieren zulässt, was beim systematischen Herunterreißen der Tapeten sicherlich nicht der Fall wäre! Hier muss dem Übermut des Welpen über ein Abbruchsignal eine Grenze gesetzt werden. Räumen Sie vorsichtshalber wertvolle Dinge weg, und deponieren Sie sie außerhalb der Reichweite des Welpen! Je weniger »Verführungen« er ausgesetzt ist, umso weniger brenzlige Situationen wird es geben. Sind Ihnen das seidengestickte Kissen der Oma oder die wertvolle Vase wichtig, so legen Sie diese Gegenstände für die nächsten Wochen am besten gut verwahrt in den Schrank.

Auch Kinder sollten daran denken, den Boden ihres Spielzimmers aufgeräumt zu halten. Das Erkundungsverhalten des Hundekindes macht nun einmal nicht vor Spielzeug Halt.

Achtung: Kleinteile sind nicht ungefährlich.

An der Kleidung zerren

Welpen lieben es, in Hosenbeine, Jackenärmel oder sonstiges zu beißen und daran zu zerren. Zumeist erfolgt von der betroffenen Person dann ein: »Das darfst Du nicht, lass´ los, geh´ weg!« bei gleichzeitigem Gezappel des Beins bzw. Arms. »Ein tolles Spiel«, denkt sich der Hund. »Warum hört der nicht auf, obwohl ich es ihm sage?«, fragt sich der Mensch. Ganz einfach: Weil der Hund nicht versteht, was Sie ihm mit Ihrem Gerede vermitteln wollen! Er merkt nur, dass er Sie (oder Ihre Kinder!) auf diese Art und Weise in ein wunderbares Spiel verwickelt und mit Ihnen in Kontakt kommt.

Um dem Hund Zerren und Beißen abzugewöhnen, ist der erste Lösungsansatz die Einführung eines gezielten Abbruchsignals (siehe Abschnitt »Korrektur/Abbruch«, Seite 42). Selbstverständlich dürfen – und müssen! – Sie den Welpen artgerecht und für ihn verständlich reglementieren, wenn mit ihm die Pferde durchgehen. »Begrenzendes Verhalten ist Usus unter Wölfen und Haushunden und anderen Säugetieren, die in sozialen Gruppen leben. (…) Es hat nichts mit Brutalität oder Kontrollverlust des Menschen zu tun, wenn dieser den an seinem Arm oder an der Hose beißschüttelnden Welpen zur Seite schiebt, ›Nein‹ sagt und geht.« (Feddersen-Petersen, 2008)

Unmittelbar nach der Korrektur muss aber eine erlaubte Alternative angeboten werden, z.B. das zum Ziehen und Zerren angebotene Spieltau. Der Welpe muss lernen können, was er darf und was nicht! Bedenken Sie: Ihr Hund lernt am Erfolg oder Misserfolg seiner Handlung.

Lästiges Anspringen

Die Angewohnheit, den Menschen anzuspringen, ist für Hunde erst einmal völlig normal! Diese Verhaltensweise ist abgeleitet vom Lefzenlecken, das der demütige, unterwürfige Hund dem souveränen Althund gegenüber demonstriert. Somit ist diese Geste eigentlich eine sehr respektvolle, kommunikative Haltung des Hundes, die nur leider beim Menschen so nicht ankommt und als solche verstanden wird. Es ist sicher richtig, dass das Anspringen dem Welpen – und erst recht dem erwachsenen Hund – nicht durchgelassen werden kann. Schnell ist dabei etwas passiert, z.B. ein Kind oder eine ältere Person gestürzt. »Strafe« stellt allerdings bei der Korrektur dieses Verhaltens nicht die geeignete Maßnahme dar. Der Welpe muss ja erst einmal die Gelegenheit bekommen zu lernen, dass das, was unter seinesgleichen korrekt ist und erwartet wird, nicht korrekt und beliebt im Kontakt mit seinem Menschen ist! Deshalb schaffen Sie dem Welpen die Möglichkeit zum Umlernen.

Übung:

→ Wenn der Welpe kommt, hocken Sie sich schnell hin und empfangen den Kleinen auf »unterer Ebene«, so dass ein Springen vermieden wird, weil es gar nicht nötig ist.

→ Ignorieren Sie Ihren springenden Welpen, bis er brav sitzt, bevor Sie sich ihm widmen. Das hilft aber nur bei der eigenen Person, nicht bei Fremden.

→ Hüpft der Welpe an Ihnen hoch, schieben sie ihn – sanft, aber energisch! – auf den Boden zurück und sagen deutlich: »Runter!«. Sobald der Welpe unten ist, wird er gelobt und darf auch gern ein Leckerchen erhalten. Auf diese Weise lässt sich später mit der Anweisung »Runter« auch vermeiden, dass der Hund Fremde anspringt. Es ist sinnvoll, in dieses »Anti-Hüpf-Training« auch Verwandte und Bekannte mit einzubeziehen. Dabei ist es aber unbedingt notwendig, dass diese genau das Gleiche machen wie oben beschrieben.

Begegnungen mit anderen Hunden

Grundsätzlich sollte Ihr Welpe lernen, dass ihm an der Leine keine direkte Begegnung mit anderen angeleinten Hunden erlaubt wird. Dies geschieht auch zum Schutz des Welpen selber, denn manch ein Hund reagiert an der Leine abweisend und abwehrend. Noch immer geistert in vielen Köpfen der Irrglauben, es gäbe so etwas wie pauschalen Welpenschutz. Welpenschutz gibt es aber nur in der eigenen »Familie«, in der eigenen sozialen Gruppe. Außerhalb dieser Gemeinschaft wird der Welpe nicht grundsätzlich freundlich und herzlich aufgenommen! Häufig zeigen sich gut sozialisierte Rüden Welpen gegenüber duldsamer und gelassener als erwachsene Hündinnen. Im schlimmsten Fall kann es sogar vorkommen, dass eine Hündin einen Welpen ernsthaft beißt und zu verletzen versucht. Diese Hündin demonstriert damit nicht eine Verhaltensstörung im Sinne von Aggressivität gegen Artgenossen, sondern sie handelt womöglich aus einem biologischen Sachverhalt heraus. Gerade um den Zeitpunkt der einsetzenden oder gerade erfolgten Läufigkeit wirken sich bestimmte hormonelle Vorgänge aus, die ein Abwehrverhalten leicht erklären lassen! Bedenken wir auch an dieser Stelle die Ausführungen zum passiven Lernen: Wird der Welpe an der Leine von anderen Hunden gebissen, so wird sich in ihm leicht die Furcht vor anderen Hunden einnisten. Seine zukünftigen Reaktionen auf Artgenossen werden durch die gemachten Erfahrungen geprägt sein und er wird sich nicht erfreut zeigen.

Außerdem lernt der Welpe leichter und schneller, dass die Leine die direkte Verbindung zum Menschen darstellt und ihm die anderen Hunde drumherum – da eh' nicht erreichbar und somit keine potenziellen Spielgefährten – egal sein können.

Begegnungen mit Menschen

Wir haben bereits darüber gesprochen, dass es bei gut verlaufener Sozialisation welpentypisch ist, sich allen erwachsenen Lebewesen freundlich, offen und respektvoll zu nähern. Sequenzen aus dem Futterbettelverhalten, Demutsgesten und Signale der Unterwürfigkeit werden gezeigt, um für sich selbst »schönes Wetter« zu machen. So ist es auch verständlich, erfreulich und förderungswürdig, wenn Welpen vor Freude strahlend auf fremde Menschen zulaufen. Mancher Hundebesitzer hat damit ein Problem, wertet er dieses Verhalten seines Hundekindes doch als »treulos« ... Keine Angst, ein selektives Annähern an Fremdpersonen erfolgt in einem späteren Alter von allein, für den Welpen ist diese Freude über alles und jeden normal und wünschenswert. Begegnen Sie also Hundefreunden, die ganz verzückt von dem kleinen Knirps an Ihrer Seite sind, so lassen Sie die gegenseitige Kontaktaufnahme ruhigen Gewissens, aber kontrolliert zu. Sagen Sie den kontaktfreudigen Mitmenschen, wie Ihr Hund heißt und bitten Sie, sich doch in die Hocke zu begeben und den Hund freundlich anzusprechen. Alternativ kann der Welpe auch von Ihnen auf den Arm genommen werden, damit die Begrüßungstätschelei nicht von oben herab auf das Hundekind erfolgt und dieses womöglich verschreckt. Kommt der angesprochene Welpe von selbst vorgelaufen, so kann er Streicheleinheiten genießen. Zieht er es vor, das Kontaktangebot erst mal nicht anzunehmen, so zwingen Sie ihn auch nicht dazu! Ist er auf Ihrem Arm und zeigt an, dass er sich in dieser Situation nicht wohl fühlt und dem Kontakt auszuweichen versucht, so bitten

Hier ist deutlich zu sehen, dass dem Welpen der aufgedrängte Kontakt unangenehm ist und er sich der Situation lieber entziehen möchte.

Sie den fremden Hundefreund um Verständnis, dass er Ihr Hundekind eben heute nicht anfassen soll. Hier gilt es für Sie, Ihrem Hundekind den nötigen Schutz zu bieten, wenn es sich den womöglichen Begeisterungsstürmen nicht gewachsen fühlt.

Kinder und Hunde haben in der Regel einen sehr guten Draht zueinander. Dennoch sollten Kinder nie unbeaufsichtigt Kontakt zu Hunden haben und bestimmte Regeln im Umgang lernen und befolgen.

Vor allem in Kontakt mit kleinen Kindern ist es notwendig, ein wachsames Auge auf das Geschehen zu halten. Kinder neigen dazu, im Überschwang der Gefühle den Hund zu fest zu drücken, ihm an Rute, Ohren oder Fell zu zupfen oder ihm die kleinen Fingerchen in die Nase oder die Augen zu stecken. Macht der Welpe mit den kleinen zweibeinigen Erdenbürgern schlechte Erfahrung, so wird er sich das merken und vielleicht künftig nicht mehr sehr begeistert auf diese reagieren! Deshalb muss der Kontakt von Hund und Kindern (auch den eigenen!) immer unter der Aufsicht von Erwachsenen erfolgen!

Tabu-Worte wie »Nein«, »Aus«, »Pfui« oder »Lass ' es« etablieren

Wie schon bei den Ausführungen zum Spiel- und Lernverhalten beschrieben, bestimmen Sie als »Eltern«, sprich als »Führungskräfte«, was für den Welpen erlaubt und was verboten ist. Dabei gibt es situative Verbote (»Jetzt beanspruche ich das Spielzeug für mich, später ist es mir egal und du kannst es haben!«) und grundsätzlich verbotene Dinge. Es ist unumgänglich, dem Hundekind Tabu-Begriffe zu vermitteln, welche Worte auch immer Sie dafür wählen.

Sinnvollerweise muss auf die unterschiedliche Bedeutung der Worte »Aus« und »Nein« hingewiesen werden. Danach wählen Sie das »Aus« für diejenigen Situationen, in denen der Welpe etwas in der Schnauze hat, was er hergeben soll. »Nein«, »Pfui«, »Lass es«, »Schluss jetzt« oder auch »Feierabend« wird eingesetzt, wenn der Hund ein bestimmtes Verhalten abbrechen soll.

> Es ist ausgesprochen wichtig für den Welpen, Frustration zu erleben und damit umzugehen zu lernen. Auch in der Interaktion mit seiner Mutter, Alttieren und Geschwistern erfährt er frustrierende Situationen. So ist es weder neu für den Kleinen, noch schädlich oder Ihrer Beziehung zu ihm abträglich, wenn Sie ihm Grenzen setzen und z.B. mit einem ruhigen, klaren »Nein« nicht alle Aktionen durchgehen lassen.

Übungen zum Etablieren von Tabu-Worten

»Nein«

Sie setzen sich zum Welpen auf den Boden und nehmen einen Futterbrocken in die geöffnete Hand. Will der Welpe den Brocken nehmen, sagen Sie »Nein« und schließen dabei gleichzeitig die Hand zur Faust. Nach einer kurzen Weile öffnen Sie die Hand wieder. Will der Welpe erneut an den Futterbrocken, schließen Sie abermals die Hand und sagen dabei »Nein«. Nur wenige Wiederholungen sind in der Regel nötig und der Hund hat verstanden. Nun öffnen Sie die Hand und bieten dem Hund den Futterbrocken mit »Nimm´s«. Bald wird er geduldig vor der geöffneten Hand warten, wenn Sie »Nein« zu ihm gesagt haben, bis Ihr »Nimm´s« kommt und er den Futterbrocken fressen darf.

Klappt diese Abfolge gut, so können Sie die Anforderung steigern und den Futterbrocken verbunden mit einem »Nein« auf den Boden legen. Seien Sie aber achtsam und im Zweifelsfalle schnell genug, denn reagiert der Welpe nicht auf Ihr »Nein«, so müssen Sie die Hand über den Futterbrocken legen können, bevor der Welpe ihn erwischt. Erst mit Ihrem

Tabu-Worte zu etablieren ist unerlässlich. Auch wenn der Blick in solche Augen eher zum Schmunzeln verleitet, lacht später niemand mehr, wenn der Hund sich mit völliger Selbstverständlichkeit z.B. an der frisch eingedeckten Kaffeetafel selber bedient.

»Nimm´s« darf er sich den Futterbrocken nehmen. »Nein« und »Nimm´s« können Sie auf diese Weise auch mit einem Lieblingsspielzeug üben, aber in kleinen, kurzen, welpengerechten Trainingsschritten! Konsequent und geduldig geübt, sollte das »Nein« nach einiger Zeit auch in Alltagssituationen funktionieren, z.B. wenn der Welpe etwas von der Straße aufnehmen will oder Sie ihm regelrecht ansehen, dass er gerade eine Dummheit plant.

»Aus«

Im Alltag kommt es immer wieder vor, dass der Welpe etwas im Fang hält, was er nicht haben darf. Seinen »Besitz« abgeben zu müssen, missfällt dem Kleinen natürlich, und so wird er auch nicht automatisch kooperativ und bereitwillig darauf verzichten wollen, nur weil Sie ihm gerade »Aus« entgegenschmettern (siehe auch Abschnitt »Sachen stehlen«). Er muss lernen, seine Handlung »Ich gebe es ab« mit

Ihrem »Aus« in Verbindung zu bringen, und er sollte nach dem Ausgeben nicht als der »Verlierer« dastehen, der abgibt und leer ausgeht. Daher empfiehlt es sich, das Herausgeben auf Anweisung als Tauschhandel zu üben: Ihr Welpe trägt etwas im Maul. Bieten Sie ihm nun alternativ Futter oder ein Spielzeug an. In dem Augenblick, in dem der Welpe sein Maul öffnet und den »Besitz« fallen lässt, sagen Sie ruhig und deutlich »Aus« und reichen ihm Futter oder Spielzeug. Er lernt: Ich gebe etwas ab und erhalte sofort etwas spannendes Neues. Dieser Tauschhandel ist auch aus dem Grunde wichtig, weil Hunde untereinander durchaus so etwas wie eine Art Besitzstandswahrung kennen: »Habe ich erst mal etwas im Maul, dann darf ich es auch behalten!« Gansloßer weist ausdrücklich auf Beschreibungen von Peters und Mech hin, die wild lebende Hundeartige beobachtet haben und feststellten, dass »ein Wolf, der einen Futterbrocken in der Schnauze hat, beziehungsweise diesen in einer Schutzzone von ca. 30 cm vor der Nasenspitze findet und wegtragen kann, (...) diesen Futterbrocken auch behalten (darf), und (...) ihn nicht an einen Ranghohen abgeben (muss)«. Daher rät Gansloßer zu Recht: »Es ist keineswegs eine sinnvolle Dominanz- oder Unterordnungsübung, wenn man den Hund zwingt, einem sofort und ohne Widerspruch alles Futter oder andere Dinge abzugeben, die er gerade in der Schnauze trägt. (...) Die Abgabe von Dingen sollte als Beziehungsqualität und als kooperative Tauschhandelsgeschichte geübt werden und nicht als Dominanzübung.«

Die Anweisung »Aus« lässt sich auch gut mit der Anweisung »Guck mal« (Seite 78) kombinieren: Hat der Welpe etwas im Maul, können Sie ihm mit »Guck mal« auf Ihre angebotene Alternative aufmerksam machen und ihm den Tauschhandel anbieten.

Lob und »Strafe«

Den Begriff der »Strafe« mögen wir im Umgang mit dem Hund gar nicht. Im Prinzip geht es überhaupt nicht um Strafen im eigentlichen Sinn, sondern um Korrekturen und um Abbruchmöglichkeiten von unerwünschten Verhaltensweisen. Deshalb muss die Fragestellung korrekter heißen:

Wie belohne ich erwünschte Verhaltensweisen, und wie breche ich unerwünschte Verhaltensweisen ab?

Grundsätzlich ist auch hier auf die Signalwirkung Ihrer eigenen Körpersprache auf den Hund hinzuweisen. Wenn Sie sich, um den Hund zu loben, ein »Gut gemacht« gerade nur so abringen können, weil Sie gedanklich eigentlich ganz woanders sind, so wird Ihr Hund Ihnen dieses »Lob« ebenso wenig glauben und ernst nehmen, wie das »Du, Du, Du«

mit gespielt böser Miene, wenn Ihr Welpe das Daunen-Inlett Ihres Oberbettes zerpflückt hat, aber dabei ach so niedlich mit den Federchen im Pelz ausschaut. Unterschätzen Sie nicht die kognitiven Fähigkeiten Ihres Vierbeiners!

Der zweite wichtige Aspekt ist der korrekte Zeitpunkt: Sie können nur loben oder korrigieren im unmittelbaren zeitlichen Zusammenhang mit der vom Hund gezeigten Handlung! Sie haben maximal eine Sekunde Zeit, um den Hund zu loben, sein Verhalten zu bestätigen, korrigierend einzuwirken oder Verhalten abzubrechen. Das ist nicht viel Zeit!

Loben

Dies geschieht durchaus schon durch einen offenen, freundlichen Blick, ein wohlwollendes Lächeln, ruhiges Ansprechen des Hundes

Hunde setzen ihre Körpersprache und ihre Mimik dazu ein, um sich untereinander klare Signale zu übermitteln. Hier ist deutlich zu sehen, was der gepeinigte Junghund von dem respektlosen Verhalten des knapp vier Monate alten Kangals hält! Der Kangal versteht den Gesichtsausdruck und lässt augenblicklich los.

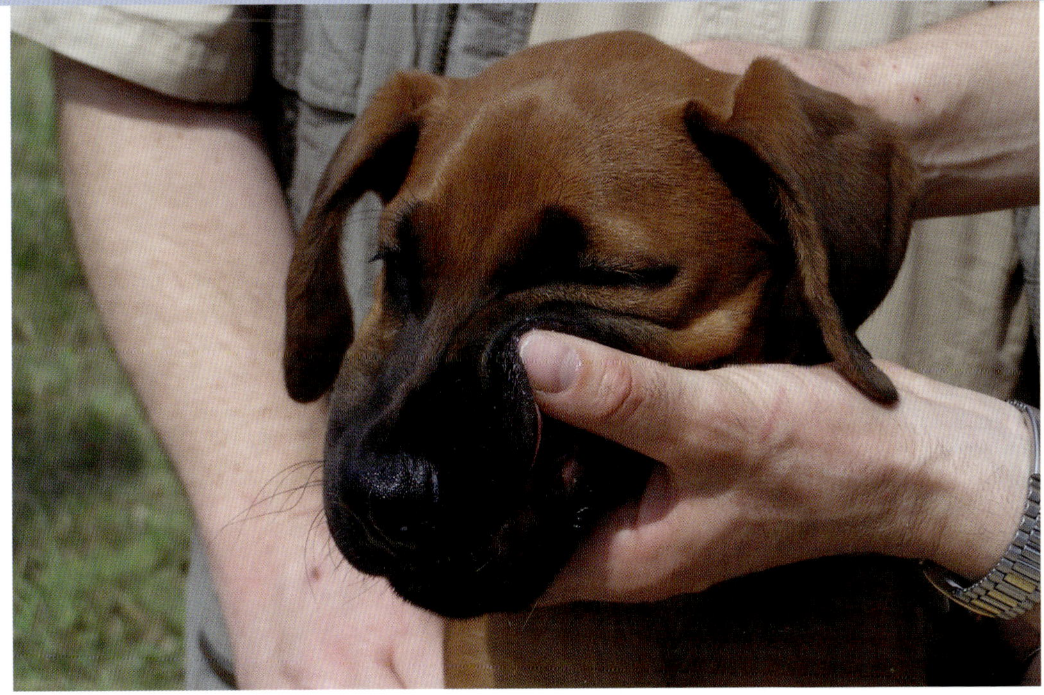

Auch wenn der Mensch das Tätscheln und Knautschen am Maul des jungen Hundes nett und liebevoll meint, so kann der Hund es leicht als sehr unangenehm empfinden, vor allem dann, wenn er gerade in der Zahnung ist und ihm dadurch Schmerzen verursacht werden!

mit hoher Stimme mit »Fein«, »Brav«, »Prima« oder Ähnlichem. Auch Begeisterungsgesten wie Klatschen oder zustimmendes Jauchzen werden vom Hund als Bestätigung und Befürwortung seines Verhaltens verstanden. Natürlich kann der Hund auch mit einem Futterbrocken oder für besondere Leistungen mit einem speziellen Leckerbissen belohnt werden, aber ebenso mit einer tollen Spieleinlage oder einer Schmuserunde. Zum Streicheln des Hundes sei allerdings warnend angemerkt: Viele Hundebesitzer verleihen ihren Gefühlen dadurch Ausdruck, dass sie den Welpen am Kopf, speziell in der Schnauzenregion, tätscheln und kneten. Hunde sind gerade im Welpenalter an dieser Stelle sehr empfindlich, denn sie befinden

sich in der Zahnung. Haben Sie Kinder? Dann denken Sie an das Gebrüll und die Unpässlichkeit in der Zeit, wenn die Zähne durchbrechen. Auch Hundekinder können Probleme mit dem Zahnwechsel haben. Sie meinen es gut, wenn Sie Ihren Hund liebevoll tätscheln, doch dieser verspürt Schmerz und wird versuchen, Ihrer Hand auszuweichen. Das führt dann schnell zu Fehlverknüpfungen und einer Scheu gegen die menschliche Hand, die auch das Anleinen komplizieren kann, da vor der Hand zurückgewichen wird.

Unterschiedliche Hundetypen sprechen auf die verschiedenen Belohnungsstrategien unterschiedlich an. Finden Sie heraus, womit Sie

41

Ihrem Hund Ihre Begeisterung über sein tolles Verhalten demonstrieren können und wie Sie bei ihm die Motivation wecken können, sich zukünftig öfter bis immer in der gewünschten Art und Weise zu benehmen.

Korrektur/Abbruch

Bei diesem Thema finden wir in Hunden die besten Lehrmeister. Menschen bringen es oft nur schwer übers Herz, den Hund, vor allem den Welpen, für ihn verständlich und situativ richtig zu maßregeln. Hunde untereinander sind da wesentlich skrupelloser – und dadurch effektiver! Einmal richtig und unmissverständlich korrigiert ist sinnvoller, als hundertmal halbherzig, gespielt, überreagierend oder vermenschlicht diskussionsbereit. Schauen Sie sich Hunde im Umgang miteinander an, Sie

werden kein zimperliches Agieren erleben. Bricht ein Vierbeiner die Regeln des guten Benehmens, so folgt ein korrigierendes Abbruchsignal auf dem Fuß. Das sieht häufig

Althunde korrigieren weder zimperlich, noch zögerlich, dafür aber exakt auf den Punkt! Aus der Beobachtung ihres Verhaltens kann der Mensch viel lernen! Niemals entstehen durch derartige Zurechtweisungen unter Hunden Beziehungsprobleme. Es liegt in der Natur des Welpen, Althunden gegenüber Respekt zu zollen. Dem Menschen gegenüber muss respektvolles und demütiges Verhalten erlernt werden. Der Mensch ermöglicht und fördert durch seine Reaktionen das Erlernen.

schlimmer aus, als es ist. Auch können gerade Welpen in solchen Situationen mitunter schreien, als würden sie gerade zerfleischt, obwohl der korrigierende Part um Schnauzenlänge entfernt ist!

Wenn Ihr Welpe Ihnen auf der Nase herumtanzt, sich Ihnen gegenüber völlig respektlos verhält, sein Tun und Treiben Sie einfach nur sauer und wütend macht, dann zeigen Sie ihm das auch! Sagen Sie zu ihm deutlich, bestimmt und mit strengem Blick z.B. »Lass es« und wenden sich von ihm ab. Hatte der Welpe gerade noch Sozialkontakt zu Ihnen, den er schamlos ausgenutzt und übertrieben hat, so steht er plötzlich allein und verlassen da. So wollte er es eigentlich nicht haben!

Je nach Situation und Ausprägung des Fehlverhaltens können Sie den Welpen auch sanft auf den Boden drücken, ihn umrempeln oder umwerfen und, wenn Sie es beherrschen und umsetzen können, auch den sogenannten Schnauzgriff anwenden.

Bitte beachten Sie die Auswirkung von konsequentem Verhalten! Was Ihrer Definition nach für einen erwachsenen Hund nicht erlaubt ist, ist bereits auch Ihrem Welpen nicht gestattet. Unerwünschtes Verhalten ist auch nicht in Situationen hinzunehmen, in denen Ihnen die Korrektur vielleicht gerade unbequem ist. Welpen lernen schnell, die »Gunst der Stunde« auszunutzen. Sie machen sich unglaubwürdig, wenn es »mal Hüh, mal Hott« geht. Führen Sie kein »Rabattmarkenheftchen«, bei welchem das Donnerwetter erst – und dann unangemessen übertrieben – erfolgt, wenn alle Felder des Heftchens mit Marken beklebt sind. Sollten Sie Sorge haben, dass die Verwendung von Abbruchsignalen negativen Einfluss auf Ihre Beziehung zum Hund haben könnte, so lassen Sie sich sagen, dass das nicht der Fall sein wird – im Gegenteil. In der hoch interessanten Diplomarbeit von Sandra Fischer (2007) zum Thema »Abbruchsignale der Hunde« fasst die Autorin ausdrücklich zusammen, dass »nach Senden von Abbruchsignalen eine Verhaltensänderung folgt, in einer Nachfolgesituation von zehn Minuten aber keine durchgängige Distanzeinhaltung zum Interaktionspartner üblich ist. (...) Nach Senden einer Sequenz von Abbruchsignalen (folgen) in der Regel keine weiteren Abbruchsignale. (...) Eskalationen sind (...) nicht üblich. Insgesamt deuten die Ergebnisse auf keine Belastung der Hundegruppe durch die Kommunikation mit Abbruchsignalen hin, welche die Vorteile des Gruppenlebens mindern würde.«

Damit dürfte auch der oft zu hörende »Tipp«, den Hund nach einer Missetat über einen längeren Zeitraum zu ignorieren, hoffentlich aus der Welt geräumt sein! Gerade nach einer Korrektur ist die Annahme des »Versöhnungsangebots« des Gemaßregelten äußerst wichtig! »So erhält der Hinweis, nach einer Zurückweisung des Hundes durch eine belohnenswerte Übung wieder die ›Harmonie‹ herzustellen, eine ganz neue Bedeutung.«
(Gansloßer, 2007)

> Die Korrektur von unerwünschtem Verhalten muss unmissverständlich, situativ angepasst und sofort erfolgen! Das anschließend vom Gemaßregelten vorgebrachte Versöhnungsangebot muss angenommen werden!

Thema Duldung

Duldungsbereitschaft muss im Welpenalter gelernt und ge-übt werden. Vertrauen bildet die Grundlage, um Duldungs-übungen umzusetzen und daraus beziehungsfördernde Maßnahmen entstehen zu lassen.

Das Thema »Duldungsbereitschaft« steht im unmittelbaren Zusammenhang zu den voran-gegangenen Ausführungen. Durch das Verhal-ten seiner Mutter hat das Hundekind schon frühzeitig gelernt, bestimmte Manipulationen über sich ergehen zu lassen. Es hat die Erfah-rung gemacht, dass ihm in diesen Situationen nichts geschieht, vielleicht sogar im Gegenteil Wohlbehagen und Zufriedenheit daraus resul-tieren. Um seine Verdauung anzuregen und um

ihn zu massieren, dreht die Hündin den Welpen auf den Rücken, leckt Genitalien, Bauch, Nase, Schnauzenregion und Ohren und zupft am Fell oder knibbelt an der Haut. Diese Formen der Berührung können vom Menschen abge-guckt, übertragen und durchgesetzt werden. So sollte der junge Hund auch von »Frauchen« oder »Herrchen« immer wieder einmal auf den Rücken gedreht werden, in entspannter At-mosphäre wird er dann an allen Extremitäten berührt und betastet, es wird in die Ohren und ins Mäulchen geschaut, der Bauch wird sanft gestreichelt. Geschieht dies in häufigen, aber kurzen, sehr ruhig gestalteten Intervallen, so lernt der Welpe, diese Maßnahmen nicht nur zu erdulden, sondern zu genießen und sich ver-trauensvoll hinzugeben. Wie zuvor bei seiner Mutter macht er wieder die Erfahrung, dass ihm nichts Böses geschieht, sondern dass er Wohlbehagen und innige Gemeinsamkeit mit seinem Menschen erlebt. Diese »Duldungs-übungen« mit dem Welpen stärken nicht nur grundsätzlich die Mensch-Hund-Beziehung, sondern sind auch Vorübungen z.B. für den Tierarzt- oder Ausstellungsbesuch.

Übungen zur Duldungsbereitschaft

Festhalten

Kauern Sie sich zu Ihrem Welpen auf den Bo-den und halten ihn sanft, aber bestimmt fest. Vermeiden Sie dabei unbedingt Knebel- und Würgegriffe ebenso wie Gesten, durch die sich der Welpe bedroht fühlen könnte. Es geht ein-fach nur darum, dass Sie Ihren Welpen in allen Positionen, wenn er steht, sitzt oder liegt, fest-halten können. Ganz egal, was um sie herum

Ruhig abzuwarten und nicht nach dem eigenen Kopf zu agieren, das fällt Welpen schwer.

passiert und was »Klein Hundi« auch interessieren mag. Verhält er sich ruhig und abwartend, lassen Sie ihn mit einem Aufhebungssignal (z.B. »Lauf«) los. Er darf sich dann entfernen.

ihm, bis er sich in dieser ungewohnten Situation entspannt. Er soll auf dem Tisch verbleiben, darf sich setzen, hinlegen oder auch stehen bleiben. Verhält er sich ruhig, nehmen Sie ihn vom Tisch herunter und geben ihm ein Aufhebungssignal (z.B. »Lauf«). Der Kleine darf sich dann wieder entfernen.

Hat er sich an das Verweilen auf dem Tisch gewöhnt, so können Sie ihn in dieser Position am ganzen Körper sanft abtasten, ihm in die Ohren schauen, das Mäulchen öffnen und nach den Zähnen sehen. Sie können Pfote für Pfote in die Hand nehmen und sanft bis in die Zehenspitzen mit leichtem Druck berühren.

Wir spielen Tierarzt

Stellen Sie Ihren Welpen auf einen niedrigen Tisch. Halten Sie ihn sanft fest, streicheln Sie ihn und reden Sie ruhig und freundlich mit

In entspannter Atmosphäre üben, was im Ernstfall dringend notwendig wird. So lässt sich der Besuch beim Tierarzt oder im Hundesalon auch schon zu Hause oder in der Welpenschule trainieren.

Rückenlage

Setzen Sie sich zu Ihrem Welpen auf den Boden. Drehen Sie ihn spielerisch auf den Rücken. Halten Sie den Hund mit der einen Handfläche sanft, aber bestimmt, am Brustkorb fest, während Sie ihn mit der anderen ruhig am Bauch oder der Halsregion streicheln. Versucht er, sich durch Zappeln und Strampeln aus Ihrem sanften Griff zu befreien, so erhöhen Sie leicht den Druck auf die Brust, unterbrechen sofort das Streicheln und reagieren zusätzlich mit einem entschiedenen »Nein«. Unterlässt er die Gegenwehr, lockern Sie den Druck, halten den Welpen aber weiterhin auf dem Rücken und streicheln ihn wieder. Diese Maßnahmen müssen immer der Situation angepasst werden und im schnellen Wechsel erfolgen, damit der Welpe an Ihren Reaktionen lernen kann, welches Verhalten von ihm gefordert ist. Bedenken Sie, dass alle Übungen, seien sie auch noch so spielerisch, nur in sehr kurzen Intervallen erfolgen dürfen, denn der Hund ist ja noch sehr jung. Zwei, drei Minuten sind durchaus ausreichend. Wiederholen Sie die Übungen lieber öfter! Vergessen Sie beim Beenden der Übung das Aufhebungssignal nicht!

Auf den Rücken gedreht zu werden, erzeugt bei vielen Welpen Gegenwehr. Dennoch muss jeder Welpe lernen, es zu akzeptieren. Viele Hunde können diese Haltung sogar entspannt genießen und sich ganz der zu erfahrenden Zuneigung hingeben.

Erkundungsverhalten und Umwelterfahrungen

Sprechen wir über Vertrauen und Vertrautheit, so ist es wichtig, auch kurz auf das Thema Erkundungsverhalten einzugehen. Welpen sind nicht nur bezogen auf ihre körperlichen Fähigkeiten unfertig entwickelte Lebewesen, auch ihr Gehirn und ihre Reizverarbeitung befindet sich noch in der Ausbildung. Neurophysiologische Untersuchungen haben ergeben, dass das Welpengehirn ca. am Ende der 16. Lebenswoche 80 % der maßgeblichen Verknüpfungen (Synapsen) hergestellt hat.

Das bedeutet einerseits, dass dem Welpen in dieser Zeit möglichst viel »Input« gegeben werden muss, um diese Reizkonfrontation erleben und verarbeiten zu können, dass andererseits dies alles altersgemäß angepasst erfolgen muss. Gansloßer betont, dass das »Spiel mit Objekten beziehungsweise Bewegungsspiele und das Erkunden und Kennenlernen möglichst unterschiedlicher Gebiete und Lebensräume in der frühen Welpenzeit« ausgesprochen wichtig für die Entwicklung des Welpen ist.

Gleichzeitig betont er aber auch, dass die bereits angesprochene Ortsgebundenheit hierbei zu berücksichtigen ist.

Förderung des Erkundungsverhaltens

Machen Sie mit Ihrem Hund doch mal – je nach Wohnlage – einen Ausflug in den Wald, auf die Wiese, an den See oder Strand. Lassen Sie ihn durch Geäst und über Wurzeln klettern, in Laubhaufen stöbern und ins dichte Unterholz krabbeln. In Sandbergen kann er buddeln und im Wasser plantschen. Er kann nach kleinen, für ihn abgelegten Futterbrocken suchen und spannende Abenteuer in freier Natur erleben. Lassen Sie Ihrem Welpen Zeit und Ruhe, die Umgebung zu erforschen, selbst wenn er anfangs etwas befangen und eingeschüchtert sein sollte.

Auch in Ihrer Wohnung gibt es vieles zu erleben und zu entdecken. In der Küche findet man besondere Gerüche und Geräusche, in den unterschiedlichen Zimmern verschiedene Bodenbeläge wie Fliesen, PVC oder flauschige Teppiche. Bieten Sie Ihrem jungen Hund die verschiedenen Erlebnismöglichkeiten an, und lassen Sie ihn in Ruhe und selbstständig diese Reize erleben. Erkundungsverhalten ausleben zu können und zu dürfen bedeutet für den Welpen, Körpergefühl zu entwickeln, Muskulatur zu trainieren, Selbstbewusstsein zu erlangen und psychische wie physische Stabilität auszuprägen. Drängen Sie ihn aber nicht, denn damit wäre die Grenze zur Reizüberflutung und Überforderung schnell überschritten!

◄ *Die auf der Wiese liegende Jacke ist dem kleinen Kaukasen sichtlich unheimlich. Er bekommt Zeit, um dieses Furcht einflößende Objekt selber zu erkunden und die Erfahrung zu machen, dass von ihm keine Gefahr ausgeht.*

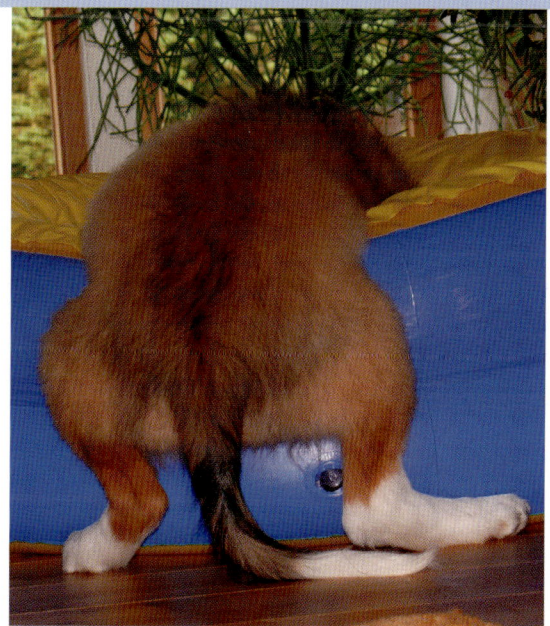

Auch im Haus lassen sich viele Situationen schaffen, in denen Welpen ihr Erkundungsverhalten ausleben können. Dies ist wichtig und fördert das eigene Körpergefühl, stärkt das Selbstbewusstsein und das Selbstvertrauen, trainiert also Psyche und Körper gleichermaßen.

Freut´ Euch des Lebens – »die verrückten 5 Minuten«

Fast jeder Züchter kennt das: Ein verzweifelter Anruf eines Welpenkäufers, der ratlos von seltsamen Begebenheiten berichtet und fürchtet, der Welpe leide womöglich an einer ernsthaften Geisteskrankheit.

Einmal am Tag, fast immer zur gleichen Zeit, rast der Welpe wie ein Wirbelwind durch die Wohnung, beißt in Sachen, klaut, was sich ihm bietet, und ist nicht mehr regel- oder kontrollierbar. Er ist einfach nur außer Rand und Band.

Keine Angst! Diese »Anfälle« sind völlig normal und keinesfalls Anzeichen einer Erkrankung. Betrachten Sie Ihren »jungen Wilden«, er zeigt in diesen Situationen alle körpersprachlichen Merkmale von Spiel. Diese »dullen 5 Minuten« zeigen sich häufig nach dem Füttern und sind Zeichen purer Lebensfreude.

Welpe und Umwelt

Streitthema »Stress«

Immer wieder ist zu hören und zu lesen, dass Welpen auf keinen Fall Stress erfahren dürften. Selbst in Hundetrainerkreisen wird diese Meinung nicht selten geäußert. Daher halten wir es für dringend geboten, unter Berücksichtigung der verhaltensbiologischen und entwicklungsphysiologischen Gegebenheiten auf den Begriff »Stress« etwas näher einzugehen.

Denken wir an Stress, dann verbinden wir damit eine außerordentlich hohe psychische Belastung, die krankheitsverursachend ist. Dies ist insofern auch nicht falsch, da eine anhaltende massive Stressbelastung zu ernsthaften körperlichen und seelischen Beschwerden führen kann – somit ist Stress erst einmal negativ besetzt.

Doch halten wir uns auch vor Augen, dass es viele Menschen gibt, die erst unter einem gewissen Druck, der durchaus auch als Stress bezeichnet werden kann, zu absoluten Höchstformen gelangen, sei es bei sportlichen Wettkämpfen, in Prüfungssituationen oder bei der Verrichtung bestimmter Arbeiten. Also hat Stress auf jeden Fall zwei Seiten. Daraus ergibt sich die Notwendigkeit, Stress genauer zu definieren und zwischen dem anhaltenden Stress (negativ, krankheitsfördernd oder -verursachend) und einer kurzzeitigen Stressbelastung (die positiv und motivierend sein kann) zu unterscheiden. Broom (2001) hat diesbezüglich eine sehr brauchbare Unterscheidung etabliert. Einerseits definiert er: »Stress ist ein Umwelteffekt auf ein Individuum, der dessen Kontrollsystem überlastet und zu nachteiligen Konsequenzen (...) führt.«

Andererseits unterstreicht er ausdrücklich, dass zu bewältigende, kurzzeitige Stresssituationen als »Herausforderungen« angesehen werden, die für das Individuum kurzfristig negative, aber langfristig gesehen positive Auswirkungen hat.

Bedienen wir uns ruhig wieder eines Beispiels aus der »Menschenwelt«: Der Familienurlaub steht an, die vermeintlich schönste Zeit des Jahres. Reise und Unterkunft sind gebucht, die Wetteraussichten sind traumhaft, die Stimmung der Familie in froher Erwartung bestens. Vor Reiseantritt ist für jedes Familienmitglied allerdings noch einiges zu bedenken, zu organisieren, zu regeln und zu beachten! Alle geraten »ins Rotieren« und die Urlaubsvorbereitungen werden als »stressig« empfunden. Gemäß der oben genannten Ausführungen haben wir es hier aber mehr mit Herausforderungen zu tun, nämlich alles optimal organisiert zu bekommen, um die Urlaubsreise in vollen Zügen genießen zu können. In der Regel gelingt das ja auch, so dass niemand ernsthaft in Erwägung zieht, auf derartige Unternehmungen gänzlich zu verzichten, um den vorausgehenden Stress nicht erleben zu müssen.

Was haben all diese Ausführungen mit unserem Welpen zu tun? Nun, eine ganze Menge! Es ist wichtig, zwischen Stress und Herausforderung zu unterscheiden und diesen Unterschied auch zu berücksichtigen. Außerdem ist es wichtig zu bedenken, dass Stress an sich durchaus eine biologische Funktion für ein Lebewesen erfüllt und nicht unbedeutenden Einfluss auf Stoffwechselprozesse hat. Stress

verursacht beim Lebewesen die Notwendigkeit, die Kontrollmechanismen der hormonellen Vorgänge im Körper zu aktivieren und auf die Situation angepasst zu reagieren. Nur wenn dies nicht gelingt, fühlt sich das Lebewesen überlastet und es kommt zu krank machenden Auswirkungen. Gelingt es dem Körper aber, die Anforderung zu bewältigen, die Kontrollmechanismen bestmöglich auf die Situation anzuwenden, sind sogar positive Auswirkungen auf das Immunsystem nachweisbar. In diesen Situationen wirkt sich Stress gesundheitsfördernd im Sinne von immunstärkend aus! »Nur wenn die Reaktionen überschießen oder die belastenden Zustände zu lange anhalten, können diese an sich biologisch sinnvollen Vorgänge krank machen.« (Gansloßer, 2007)

Ausdrücklich hingewiesen werden muss auf die Tatsache, dass Stressempfinden und die Möglichkeiten, Stress zu bewältigen und auf ihn zu reagieren, vom individuellen Typ abhängig sind. Das trifft auch für unsere Hunde zu

und erst recht für Hundekinder! So wird der wagemutige, eher draufgängerische Welpe mit der gleichen Situation völlig anders umgehen als der zurückhaltende, etwas schüchternere Artgenosse. Beide Typen benötigen vom Menschen unterschiedliche Reaktionen und Hilfestellungen, um sich in der jeweiligen Situation sinnvoll unterstützt zu fühlen. Das mag dem Welpenbesitzer jetzt etwas schwierig erscheinen, doch mit dem entsprechenden Hintergrundwissen, einem wachen Verstand und dem gesunden Bauchgefühl sollte es gelingen, den goldenen Mittelweg zwischen krankmachenden Belastungssituationen (anhaltendem Stress) und fördernden, Psyche und Physis stärkenden Herausforderungen zu erkennen! Dabei ist es durchaus normal, dass sich das Hundekind bei Konfrontation mit der einen oder anderen Herausforderung anfangs befangen verhält oder sich sogar fürchtet. Ist Ihnen selbst nicht auch etwas beklommen zumute, wenn Sie eine bislang unbekannte Situation zum ersten Mal meistern müssen?

Herausforderung »Menschenwelt«

Darf mein Welpe mit mir in die Stadt?

Ja! Er darf es nicht nur, er sollte es sogar! Sicherlich ist es aber für ihn und für Sie einfacher, wenn der erste Stadtbesuch nicht sofort nach Übernahme erfolgt, sondern dann, wenn der Welpe bereits Vertrauen zu Ihnen gefasst hat und bereitwillig an der Leine mitgeht. Außerdem haben wir ja zuvor erläutert, dass der Welpe vom biologischen Standpunkt aus betrachtet, eigentlich gar nicht bestrebt ist, fremdes Areal aufzusuchen (Ortsbindung! Siehe Seite 15). Deshalb ist es ratsam, mit dem ersten gezielten Stadtbesuch zu warten, bis der Welpe den dritten Lebensmonat vollendet hat. Auch sollte der erste Ausflug ins hektische Treiben nicht unbedingt zu den Haupteinkaufszeiten stattfinden.

Nehmen Sie sich wirklich Zeit für diese Aktion. Bedenken Sie: Für den Welpen stellt es eine größere »Herausforderung« dar, die er möglichst gut bewältigen sollte. (Denken Sie an die Ausführungen zur Unterscheidung von Herausforderung und Stress!) Viele neue Eindrücke stürmen auf den Kleinen ein: hektische Bewegungen von Menschen ringsherum, Autos, Busse, Radfahrer, Menschen unterschiedlichster Statur, rennende, vielleicht schreiende Kinder, andere Hunde, unterschiedliche Bodenbeschaffenheiten in den Geschäften,

Welpen sollten den Menschen so viel wie möglich im Alltag begleiten. Aus der Vertrautheit mit den unterschiedlichen Situationen wird Routine, die den Hund später ruhig und gelassen reagieren lässt.

veränderte Akustik, viele unterschiedliche Gerüche u.v.a.m. Lauter Reize, die verarbeitet werden müssen. Bleiben Sie immer wieder stehen, und lassen Sie den Welpen in Ruhe schauen und Erfahrungen machen. Vermitteln Sie ihm Souveränität und Normalität, und vermeiden Sie es, in diesen Situationen auf ihn einzureden. Sie müssen ihm nicht erzählen, dass alles nicht schlimm, sondern ganz toll, spannend und interessant ist (er versteht Ihre Ausführungen eh nicht!), sondern lassen Sie ihn Ihre Ruhe und Ausgeglichenheit erleben und sich daran orientieren!

Darf mein Welpe mit mir ins Café, Restaurant, in den Biergarten, auf den Markt?

Ja! Er darf es nicht nur, er sollte es sogar! Im Grunde gelten die gleichen Anmerkungen, wie sie unter »Stadtbesuch« gemacht wurden. Um dem Welpen das ruhige Verharren im Café oder Restaurant etwas angenehmer zu bereiten, können Sie ihm einen Kauknochen oder einen größeren Hundekuchen zum Knabbern mitnehmen. Es empfiehlt sich sogar, bereits dem Welpen beizubringen, dass er sich neben den Tisch legen soll. Sie können dem Hund auch seinen Platz deutlich zuweisen und ihn auf einer Decke, die er bereits von zuhause kennt, Platz machen lassen. Um die Hände frei zu haben und nicht ständig schauen zu müssen, um welches Stuhlbein sich das Hundekind denn nun wieder verwickelt hat, stellen Sie einfach

Ein Bummel durch Geschäfte bedeutet nicht automatisch krank machenden Stress für den Welpen, sondern stellt eine Herausforderung dar, die er zu meistern lernt. Natürlich müssen der zeitliche Rahmen und die zu bewältigenden Wegstrecken dem Alter angepasst sein.

Das Angenehme mit dem Nützlichen verbinden: Verschnaufpause in einem Café.

einen Fuß auf die Leine und begrenzen dem Hund somit den Bewegungsradius. Zu Beginn wird er dies vielleicht nicht akzeptieren und hin und her hampeln. Ignorieren Sie dann das widerspenstige Verhalten einfach. Nach einer Weile wird sich der kleine Quengel hinlegen und Ruhe geben.

> Bitte bedenken Sie bei allen Aktivitäten immer, dass Sie einen Welpen an der Seite haben! Alle Unternehmungen müssen in Dauer und Beanspruchung dem Alter des Hundes angepasst sein. Kurze Wege, Ruhe und Zeit, um Eindrücke verarbeiten zu können, Verschnaufpausen z.B. in einem Café, anfangs auf einen schnellen Cappuccino, statt stundenlanger Kuchenschlacht, vielleicht den Welpen zwischendurch einfach auch einmal ein Stück auf dem Arm tragen. Nicht viele Aktionen hintereinander an einem Tag, sondern an verschiedenen Tagen kurze Ausflüge mit verschiedenen Inhalten!

Darf mein Welpe schon mit in den Urlaub?

Ein klares »Jein!«: Gewiss ist es eine wunderbare Gelegenheit, sich im Urlaub intensiv dem Welpen widmen zu können. Zeit, Ruhe und die entspannte Atmosphäre der aufgabenfreien Zeit bieten sicherlich eine gute Grundlage, um die gegenseitige Beziehung aufzubauen und zu intensivieren. Andererseits muss aber berücksichtigt werden, dass die Trennung von Mutter und Geschwistern, der Ortswechsel und die veränderten Lebensbedingungen bereits eine Fülle an zu verarbeitenden neuen Eindrücken darstellen, die auch die Immunabwehr des Körpers als Stressreaktion herabsenken. Der Welpe kann in dieser Zeit des Umbruchs durchaus krankheitsanfälliger sein!

Letztlich lässt sich diese Frage nicht pauschal beantworten. Es gilt, die Persönlichkeitsstruktur und das Alter des Welpen zu beachten, die Gegebenheiten und Möglichkeiten am Urlaubsort abzuwägen, die Alternativen zu bedenken. Vielleicht lässt sich der Urlaub ja wesentlich besser mit dem gerade übernommenen Welpen im neuen Zuhause verbringen, wo Sie sich nun in Ruhe dem Aufbau Ihrer gegenseitigen Beziehung widmen können. Wenn sich Ihr Welpenkauf erst nach Buchung des Urlaubs ergeben hat und Sie keine Reiserücktrittsversicherung abgeschlossen haben, lassen Sie den Welpen am besten einfach noch etwas länger beim Züchter, vorausgesetzt dieser ist bemüht und umsorgt seine Hundeschar entsprechend, statt sie nur in Zwingern »aufzubewahren«.

Darf mein Welpe größere Strecken im Auto fahren?

Im Prinzip ja. Haben Sie Ihren Welpen von einem Züchter erhalten, der das Autofahren mit ihm bereits geübt und ihn eventuell sogar schon an den Aufenthalt in einer Transportbox gewöhnt hat, so sollten Sie keine größeren Probleme damit haben. Erfahrungsgemäß fällt es jungen Hunden leichter, in der Nacht zu reisen, wenn sie müde und auf Schlafen eingestellt sind. Viele Hunde sind begeisterte Mitfahrer und springen bereitwillig in jedes offenstehende Auto.

Kennt Ihr junger Hund das Autofahren noch gar nicht oder hatte er bislang nur unangenehme Erfahrungen damit, wurde ihm z. B. schlecht und musste er sich erbrechen, dann gewöhnen Sie ihn, wenn möglich, vor einer längeren Fahrt erst ans Auto. Setzen Sie ihn ins Auto, ohne das Auto zu starten und loszufahren. Bleiben Sie auf jeden Fall anfangs in seiner Nähe. Geben Sie ihm ein Spielzeug, etwas zum Knabbern oder ein paar Futterbrocken, verweilen etwas im Fahrzeug und heben ihn anschließend wieder heraus. Klappt das schon gut, setzen Sie sich auf den Fahrersitz und starten das Auto. Noch fahren Sie aber nicht los. Kennt das Hundekind auch diesen Ablauf, setzen Sie es ins Auto, diesmal ohne Futter, damit ihm nicht wieder übel wird, und fahren ein kurzes Stück, z.B. zu einer großen Wiese, auf der Sie dann ein paar Minuten ausgelassen mit dem Welpen spielen. Wenn ein Hund langsam und gezielt ans Autofahren gewöhnt wird, wird sich in ihm ein positives Grundgefühl entwickeln. Er lernt, dass Autofahren mit tollen Ausflügen und gemeinsamen Aktionen im direkten Zusammenhang steht. Vor längeren Autofahr-ten sollte der Hund nicht gefüttert werden, damit während der Fahrt sein Magen nicht revoltiert. Natürlich gehört ein Hund im Auto gut gesichert (z.B. in einer Transportbox). Die Reise muss regelmäßig durch kleine Pausen unterbrochen werden.

Darf mein Welpe mit mir wandern?

Grundsätzlich: Nein! Kämen Sie auf die Idee, Ihren zweijährigen Sohn oder Ihre vierjährige Tochter mit auf eine 30 km lange Wanderung zu nehmen und sie die Strecke selber laufen zu lassen? Wohl kaum!

So kann auch ein Welpe schon problemlos auf größere Wegstrecken mitgenommen werden.

Ein Welpe schafft derartige körperliche Anstrengungen gar nicht. Selbst wenn er eine größere Strecke mit Ihnen laufen würde, ist ihm dies gesundheitlich nicht gerade zuträglich. Bedenken Sie, dass sein gesamtes Skelett noch völlig unfertig und weich ist und er sich gnadenlos überfordern würde. Nicht umsonst nehmen Wölfe und Wildhunde ihren Nachwuchs erst ungefähr ab dem sechsten Monat mit auf Streifzug!

Darf mein Welpe alleine zuhause bleiben?

Ja, aber er muss es lernen! Grundsätzlich ist es für einen Welpen in freier Natur durchaus normal, dass er zurückbleiben muss, wenn seine Mutter und/oder sonstige Alttiere sich entfernen. Dann ist er aber in der Regel nicht ganz alleine, sondern in Gesellschaft seiner Geschwister, eventuell sogar eines »Kindermädchens«. In unserer Mensch-Hund-Familie muss der Welpe lernen, dass es das Normalste der Welt ist, auch einmal ganz alleine zu sein, dass ihm dadurch keine Gefahr droht und dass seine Menschen wiederkehren.

Beginnen Sie ruhig schon recht früh mit dem Alleinbleibe-Training, statt den Welpen die ersten Wochen nur zu »betüddeln« und ständig um ihn herum zu sein. Das wird ihm das Erlernen des Alleinebleibens nur erschweren. Ist er gerade mit einem Spielzeug, einem Kauknochen oder Ähnlichem beschäftigt, gehen Sie einfach und kommentarlos in den Nebenraum. Lassen Sie die Türe offen, so dass der Welpe Sie noch sehen kann. Nach einer Minute kommen Sie ohne großes Aufhebens zurück und gehen Ihrer Tätigkeit nach.

Schnell wird der Kleine verstanden haben, dass es nichts Schlimmes bedeutet, wenn Sie kurzzeitig etwas weiter von ihm weggehen. Nach zwei, drei Tagen können Sie den mit seinem Kauknochen beschäftigten Hund kommentarlos verlassen und die Tür hinter sich schließen. Achten Sie darauf, dass Sie ca. nach einer Minute wieder zurückkommen. Klappt das gut, lassen Sie den Hund auch mal ganz kurz alleine, wenn er nicht beschäftigt ist. Stilisieren Sie Ihre Rückkehr nicht durch unnötiges Aufhebens zu einem außergewöhnlichen Ereignis hoch. Sie gehen weg und kommen wieder, das ist etwas ganz Normales! Diesen Hinweis zu befolgen, fällt vielen Hundebesitzern schwer. Aber der Hund war doch so brav und so lieb, da muss er doch innigst gelobt und über alle Maßen freudig begrüßt werden – oder nicht? Nein! Sie signalisieren ihm dadurch nur, dass Ihr Kommen und Gehen nicht normal ist, sondern eine Besonderheit darstellt.

Dieses Prozedere »Ich gehe und ich komme wieder« sollten Sie mehrmals am Tag wiederholen. Verhält der Hund sich unruhig, waren die Übungsschritte zu schnell und/oder die Zeitspanne noch zu groß. Wählen Sie immer den Weg der kleinen Schritte, und lassen Sie den Hund am Erfolg lernen!

Die Zeit Ihrer Abwesenheit wird ganz langsam und variabel gesteigert, von einer Minute zu zwei Minuten, von zwei Minuten zu fünf, von fünf Minuten wieder zurück auf zwei. Wenn das alles problemlos vom Welpen verkraftet wird, dürfen es dann auch mal zehn Minuten sein. Grundsätzlich sollte aber ein Hund vor Vollendung des vierten Lebensmonats maximal nur zwei Stunden allein sein.

Mit Spielzeug und Schlummerdecke ausstaffiert, kann der Welpe leicht lernen, dass das Zurückbleiben und Warten nichts Aufregendes oder Schlimmes ist.

Welpe und Alltags-Gehorsam

Das Leben wird ernst – aber bitte spielerisch

Stellen wir uns folgendes Szenario vor: Ein merkwürdiges, riesenhaftes Wesen steht vor Ihnen, beugt sich womöglich in seiner vollen Masse über Sie, um Ihnen besser ins Angesicht schauen zu können, und sagt: »Vierundneunzig!« Gleichermaßen beklommen wie irritiert und verständnislos werden Sie vorsichtig zurückäugen, vielleicht sogar versuchen, sich der Situation zu entziehen. Da ertönt es wieder: »Vierundneunzig!«, diesmal lauter, bestimm-

So bitte nicht! Wird der Welpe nur durch Niederdrücken und Einsatz körperlicher Kräfte zur Ausführung von Positions-Anweisungen gebracht, so werden diese Übungen für ihn negativ besetzt. Eine freudige Reaktion auf das zugehörige Kommando wird bald gänzlich ausbleiben.

ter und nach Ihrer Empfindung drohender. Was meint der Riese? Was will er von Ihnen? Sie wissen es nicht, Ihnen ist die Situation unbehaglich, sogar ein wenig unheimlich. Der Riese wird ungehalten, Sie bemerken seine Anspannung und den aufkommenden Groll und fühlen sich in der Folge noch kleiner, noch jämmerlicher, noch verlorener. Da kommt der Riese auf Sie zu, drückt Sie nach hinten auf den Boden, schreit Sie an: »Vierundneunzig!« und ist erst zufrieden, als Sie eingeschüchtert, verständnislos und geduckt auf dem Boden sitzen. Jetzt plötzlich schaut er etwas freundlicher, streicht Ihnen kurz über Ihren eingezogenen Kopf und murmelt: »Geht doch!«

Da Sie mittlerweile unsere Vorliebe für das Veranschaulichen via »Beispielen aus der Welt der Menschen« kennen, werden Sie erahnen, worauf wir hinaus wollen. Ein Welpe kommt ins Haus und der Mensch geht mit einer unglaublichen Selbstverständlichkeit davon aus, dass der neue Mitbewohner alles versteht, was man so zu ihm sagt. Reagiert er dann nicht in der angestrebten Art und Weise, wird er als »ungehorsam« oder »sturköpfig« betitelt. Leider wird bis zum heutigen Tag selbst in Hundeschulen empfohlen, den einmal gegebenen »Befehl« durchzusetzen, im Zweifelsfalle mittels körperlichem Druck. So werden Hunde am Hinterteil runtergedrückt, um die »Sitz«-Position einzunehmen oder es werden ihm die Vorderläufe nach vorne gezogen, um ihn ins »Platz« zu bringen. Verwundert es dann wirklich, dass diese Anweisungen, wenn überhaupt, wenig freudig umgesetzt werden?

Unser Hund muss doch erst einmal lernen können, was wir mit diesem oder jenem Wort eigentlich meinen! Für ihn sind unsere Worte Laute – und die vom Menschen diesen Lauten zugedachten Definitionen müssen sich ihm erst erschließen.

Da Welpen noch nicht lange in der angewiesenen Position verharren können (und sollen!), wird bei Ihnen das Aufhebungssignal umgehend nach erfolgter Belohnung des Wohlverhaltens gegeben und somit etabliert.

So bitte nicht! *Unglaublich, aber wahr: Noch immer wird in einigen Hundeschulen empfohlen, dem Welpen die Vorderläufe nach vorne zu ziehen, um ihn in die liegende Position – das »Platz« – zu bringen! Bitte befolgen Sie solche Anleitungen* **nicht**, *Ihr Welpe und die Beziehung zu ihm werden es Ihnen danken.*

Ebenso wichtig, wie auf die korrekte Ausführung einer Anweisung zu achten, ist es, gegebene Anweisungen auch wieder aufzuheben! Auch hier wirken die Lernprozesse. Setzt sich der Hund auf »Sitz« brav hin, so soll er nicht selbständig wieder aufstehen und zur nächsten selbstgewählten Aktion vorpreschen, sondern warten, bis er von Ihnen freigegeben wird.

So bitte nicht! *Druck erzeugt Gegendruck, auch beim Umgang mit dem Hund.*

Aufhebungssignal

Um dem Welpen von klein auf daran zu gewöhnen, dass Sie die Dauer der Ausführung einer Anweisung bestimmen, ist es wichtig, ein Aufhebungssignal zu etablieren. Das kann »Lauf«, »O.K.« oder was auch immer Ihnen gefällt sein. Hauptsache, das Signal wird konsequent und von allen Personen, die mit dem Hund zu tun haben, gleichermaßen eingesetzt. Natürlich muss beim Welpen berücksichtigt werden, dass er noch lernt und sich noch nicht über längere Zeit konzentrieren kann.

Das Aufhebungssignal folgt beim Welpen immer relativ zügig nach der absolvierten Übung. Dem Hundekind wird so bereits vermittelt, dass es nicht nach eigenem Gusto aus der Sitz- oder Platzposition aufstehen bzw. sich nach dem Herankommen auf »Hier« eigenmächtig wieder aus dem Staub machen kann!

Achten Sie auf Ihren eigenen Umgang mit dem jungen Hund und schludern Sie hier nicht! Sie legen eine wichtige Basis, die Sie und Ihren Hund viele Situationen im Alltag leichter meistern lassen wird, z.B. das abwartende Sitzen vor der roten Ampel am Fußgängerüberweg, das Folgen, wenn Sie durch Tür oder Tor gehen wollen, das ruhige Verharren im Auto bis zu Ihrem Kommando »Hopp«, wenn er aussteigen darf.

Ein Aufhebungssignal zum Abschluss einer jeden Übung!

Anweisung »Sitz«

Das Sitzen bedeutet für den Welpen eine Haltung, die er von frühester Jugend an als sehr angenehm und für ihn lohnenswert kennenlernt. Ungefähr ab der dritten Lebenswoche liegt er nicht mehr an Mamas Milchbar, um zu trinken, sondern sitzt unter dem Gesäuge. Somit ist diese Position für den Welpen sehr positiv besetzt. Verleiden Sie ihm dies nicht durch unangemessene Trainingsmethoden! Klar ist, dass der Welpe sitzen kann und sich in bestimmten Situation eben hinsetzt.

Er muss nun aber lernen, dass diese Körperhaltung zu dem von Ihnen ausgesprochenen Wort »Sitz« gehört. Denken wir an das vorangegangene Beispiel mit dem Riesen: Wenn Sie sich vor den Welpen stellen und zu ihm »Sitz« sagen, so wird es ihm ergehen, wie Ihnen, als der Riese zu Ihnen sagte »Vierundneunzig«! Hätte der Riese Sie hingegen sanft zu einem Stuhl geführt und Sie dort behutsam und eindeutig dazu veranlasst, sich zu setzen, dann hätten Sie spätestens nach zwei, drei Wiederholungen gelernt, was der Riese mit »Vierundneunzig« meint und dass dies »Nehmen Sie Platz« bedeutet. Natürlich hätten Sie wahrscheinlich den gleichen Rückschluss gezogen, wenn der Riese Ihnen jeweils dann, wenn Sie auf dem Stuhl gesessen hätten, freundlich begegnet wäre und dieses merkwürdige Wort gesagt hätte.

So sieht das Hand-/Sichtzeichen für »Sitz« aus.

Übungsaufbau »Sitz«

Variante 1: Der Welpe sitzt ruhig auf seinem Hinterteil. Sie streicheln ihn kurz sanft, lächeln ihn an und sagen freundlich und deutlich: »Sitz!« Dabei können Sie ihm einen Futterbrocken oder ein Leckerchen geben.

Variante 2: Der Welpe steht bei Ihnen oder läuft um Sie herum. Sie machen ihn mit einem Futterbrocken oder einem Leckerchen aufmerksam. Führen Sie die Leckerei nun langsam über dem Kopf des Welpen nach hinten. Folgt der Welpe dem Futter, so muss er seinen Kopf in den Nacken legen. Er fällt dabei fast zwangsläufig auf sein Hinterteil in die Sitz-Position. Sobald er sitzt, erhält er den Futterbrocken, und Sie sagen ruhig, freundlich und deutlich: »Sitz!« Dabei ist es hilfreich, die Betonung nicht auf das »tz« zu legen, sondern das Wort noch heller klingen zu lassen, indem Sie das »i« etwas langziehen zu einem: »Siiiiiiiiiiitz.«

Außer diesem Hörzeichen, also dem gesprochenen »Sitz«, lässt sich bei diesem Übungsaufbau auch leicht das zugehörige Sichtzeichen, der aufgerichtete Zeigefinger, einführen und etablieren. Nach nur wenigen Wiederholungen wird der Welpe begriffen haben, was Sie meinen, wenn Sie zu ihm »Sitz« sagen und/oder ihm den aufgerichteten Zeigefinger zeigen: Der Popo plumpst in die Sitzposition, und der Welpe schaut Sie erwartungsvoll an, um das nun verdiente Leckerchen zu erhalten – was er in der Übungsphase in diesem Alter bitte auch jedes Mal bekommt!

Die Abfolge der Sitz-Übung, wie im Text beschrieben.

Aufmerksamkeit aufs Leckerchen.

Leckerchen über den Kopf nach hinten führen ...

»Siiiitz« und Handzeichen.

... und der Popo geht ins Sitz.

Und Belohnung! »Gut gemacht!«

65

Wie bei jeder Übung gibt es auch hier Stolperfallen, die zu beachten sind! Bedenken Sie, der Welpe lernt immer, und er lernt auch die Dinge, die Sie ihm so eigentlich nicht beibringen wollen, aber aufgrund falscher, verspäteter, verfrühter oder missverständlicher Reaktionen vermitteln.

Setzt er sich z.B. nur ganz kurz, um dann sofort wieder aufzustehen und in stehender Position das Futter zu bekommen, lernt er, dass »Sitz« ein kurzes Hinhocken mit anschließendem sofortigem Aufstehen bedeutet.

Lässt er sich nicht in die Sitz-Position führen, sondern tanzt einfach nur um Sie herum, um im geeigneten Moment das Futter aus Ihrer Hand zu klauen, wird ihm die eigentliche Bedeutung des Wortes »Sitz« ebenfalls nicht deutlich.

Halten Sie den Futterbrocken zu hoch über seiner Nase, wird er lediglich versuchen, durch Springen ans Ziel zu kommen. Fatal, wenn Sie dann dabei auch noch versuchen, ihm zigmal die Anweisung »Sitz« zu geben, obwohl der Hund überhaupt nicht in der Sitz-Position verweilt. So lernt das Hundekind: »Sitz« ist Herum- und Hochspringen.

Falsches Locken mit dem Futterbrocken verhindert die korrekte Ausführung der Übung!

Hat es geklappt, dann verzichten Sie bei dieser Übungseinheit auf mehrfache Wiederholungen, denn der Welpe kann sich nur kurz konzentrieren und sollte mit einer erfolgreich absolvierten Übung aus seiner Lektion entlassen werden. Lieber zu einem späteren Zeitpunkt wieder eine kleine, kurze Übung ansetzen.

 Das Aufhebungssignal zum Abschluss der Übung nicht vergessen!

Anweisung »Platz«

Beim »Platz« ist es wie beim »Sitz« (und bei anderen noch unbekannten Hörzeichen ebenso!): Solange der Hund gar nicht weiß, was Sie mit diesem Wort meinen und was von ihm erwartet wird, können Sie ihm das »Platz« nicht abverlangen. Er muss erst lernen, welche Körperhaltung mit dem Klang des Wortes verbunden ist. Das ruhige Liegen auf dem Bauch ist für einen Welpen vermutlich genauso schwierig, wie für ein Kleinkind das ruhige Sitzen auf einem Stuhl. Ständig gibt es etwas Interessantes zu sehen oder zu hören ... Der Kleine reagiert auf alles, würde gerne überall hinlaufen und alles untersuchen. Erst wenn der Welpe müde ist und schläft, liegt er schön ruhig. Dann aber meistens auf der Seite und nicht in Aufnahmebereitschaft.

Entspanntes, ruhiges Verweilen im »Platz« will gelernt sein.

Übungsaufbau »Platz«

Variante 1: Der Welpe liegt ruhig auf dem Boden. Streicheln Sie ihn kurz sanft, lächeln Sie ihn an und sagen freundlich und deutlich: »Platz!« Dabei können Sie ihm einen Futterbrocken oder ein kleines Leckerchen geben.

Variante 2: Sie bringen den Welpen in die »Sitz«-Position, entweder wie oben beschrieben oder – wenn er das schon gelernt hat – mit Sicht- und/oder Hörzeichen »Sitz«. Der Einfachheit halber gehen Sie selbst auch gleich mit in die Hocke. Nun führen Sie den Futterbrocken dicht vor der Hundenase langsam nach unten gen Boden. Der Welpe wird dem Leckerli folgen und bereits leicht »einknicken«. Ist er mit der Nase am Boden, führen Sie das Leckerchen langsam und auf gerader Linie von dem Welpen nach vorne weg. Folgt der Welpe nun Ihrer Leckerli-Hand, so wird er sich automatisch in die Länge strecken und sich ablegen. Sobald er liegt, erhält er den Futterbrocken. Sagen Sie nun ruhig, freundlich und deutlich: »Platz!« Steht er auf, um dem Futterbrocken zu folgen, verschwindet Ihre Hand sofort hinter Ihrem Rücken und Sie beginnen von vorn. Geduld, Geduld!

Außer dem Hörzeichen, also dem gesprochenen »Platz«, lässt sich bei diesem Übungsaufbau auch leicht das zugehörige Sichtzeichen, die flach nach unten gerichtete Handfläche, einführen und etablieren. Nach nur wenigen Wiederholungen wird der Welpe begriffen haben, was Sie meinen, wenn Sie »Platz« zu ihm sagen und/oder die nach unten gerichtete Handfläche zeigen: Der Welpe legt sich in die Platzposition und schaut Sie erwartungsvoll an, um das nun verdiente Leckerchen zu erhalten – was er in der Übungsphase in diesem Alter bitte auch jedes Mal bekommt!

Variante 3: Gehen Sie in die Hocke. Strecken Sie ein Bein gerade von sich weg, als wollten Sie erste Übungen für den Kasatschok-Tanzwettbewerb vollführen – Gelenkigkeit natürlich vorausgesetzt. Der Welpe soll nun unter Ihrem ausgestreckten Bein durchkrabbeln. Locken Sie den Kleinen mit einem Futterbrocken. Sobald der Hund sich beim Passieren Ihres Beines abgelegt hat, erhält er den Futterbrocken.

Sagen Sie ruhig, freundlich und deutlich: »Platz!« Zeigt er sich anfangs etwas ängstlich oder scheu, setzen Sie Ihr Bein höher gewinkelt auf, damit der Welpe nur drunter herlaufen und somit seine Unsicherheit verlieren kann. Auch dafür darf er natürlich seine Belohnung bekommen, aber nicht die Anweisung »Platz!« Sagen Sie bei dieser Vorübung einfach nur »Durch« oder »Krabbeln« zu ihm.

Die Abfolge der Platz-Übung, wie im Text beschrieben.

Aufmerksamkeit aufs Leckerchen.

Leckerchen vor der Brust nach unten ...

... und der Hund legt sich ab.

»Platz« und Sichtzeichen. Gut gemacht!

Wie bei jeder Übung gibt es auch hier Stolperfallen, die zu beachten sind! Bedenken Sie, der Welpe lernt immer, und er lernt auch die Dinge, die Sie ihm so eigentlich nicht beibringen wollen, aber aufgrund falscher, verspäteter, verfrühter oder missverständlicher Reaktionen vermitteln.

Legt er sich z.B. nur ganz kurz ab, um dann sofort wieder aufzustehen und in stehender oder sitzender Position das Futter zu bekommen, lernt er, dass »Platz« ein kurzes Ablegen mit anschließendem sofortigem Aufstehen bedeutet.

Lässt er sich nicht in die Platz-Position führen, sondern tanzt einfach nur um Sie herum, um im geeigneten Moment das Futter aus Ihrer Hand zu klauen, wird ihm die eigentliche Bedeutung des Wortes »Platz« ebenfalls nicht deutlich.

Halten Sie den Futterbrocken zu weit von seiner Nase entfernt, wird er diesem folgend immer wieder aufstehen und durch Hinlaufen versuchen, ans Ziel zu kommen. Hat es geklappt, dann verzichten Sie bei dieser Übung auf mehrfache Wiederholungen, denn der Welpe kann sich nur kurze Zeit konzentrieren und sollte mit einer erfolgreich absolvierten Übung aus seiner Lektion entlassen werden. Lieber zu einem späteren Zeitpunkt wieder eine kurze Übungseinheit ansetzen.

Springt der Welpe auf, um schneller an das Leckerchen zu gelangen, legen Sie Ihre Hand mit leichtem Druck auf den Welpen-Popo. Damit verhindern Sie ein Aufstehen.

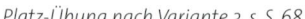

Platz-Übung nach Variante 3, s. S. 68.

Anweisung »Bleib«

Bereits bei der Anweisung »Platz« wiesen wir darauf hin, dass das ruhige Verweilen an einem bestimmten Ort noch relativ schwierig für einen Welpen ist. Dies ist umso konfliktbeladener, wenn sich der Mensch auch noch vom Welpen entfernt. Somit ist die »Bleib«-Übung mit besonderem Bedacht einzuüben. Einerseits möchte der Welpe nach Möglichkeit immer seinem Menschen folgen, andererseits muss er auch lernen, allein zu bleiben. Er muss es ertragen, dass der Mensch sich von ihm entfernt und an dem ihm zugewiesenen Ort verweilen. Zu Beginn des Bleib-Trainings ist es erstmal egal, welche Position der Hund dabei innehat. Hauptsache, er bleibt, wo er ist. Es versteht sich von selbst, dass zur Einübung dieser, für den Welpen relativ schwierigen Aufgabe, keine Ablenkung durch eine reizvolle Umgebung und/oder andere Personen und Tiere gegeben sein sollte. Hilfreich ist es auch, wenn der Welpe vor dieser Übung draußen war und sich bereits müde gespielt hat. Zu Beginn lässt sich die Durchführung des Kommandos »Bleib« auch durchaus mittels Leine absichern.

> Die Anweisung »Bleib« bedeutet beim Welpen ausschließlich: »Verweile an dem dir zugewiesenen Ort!« Es ist egal, ob der Welpe dort steht, liegt oder sitzt.

Gelassen zurückzubleiben, wenn der Mensch sich entfernt, ist für Welpen eine sehr schwere Übung. Dies muss dem Hund langsam und mit Bedacht beigebracht werden.

Übungsaufbau »Bleib«

Variante 1: Der Welpe liegt oder sitzt ruhig auf dem Boden. Legen Sie ihm einige Futterbrocken oder einen Hundekuchen vor das Mäulchen. Sagen Sie »Bleib« und gehen dabei rückwärts. Halten Sie Sichtkontakt zum Welpen. Gehen Sie nur ein, zwei Schritte zurück und gleich wieder nach vorn, bevor der Welpe mit dem Fressen fertig ist. Dies wiederholen Sie mehrere Male am Tag.

Variante 2: Der Welpe kennt bereits das Hör- und Sichtzeichen »Sitz« und sitzt ruhig vor Ihnen. Sie halten ihm mit der dem Hund zugewandten Hand einen Futterbrocken vor und lassen ihn daran schnuppern und lecken. Mit einem ruhigen, deutlichen »Bleib« gehen Sie um den Hund herum, wobei Sie mit der Hand (linke Hand, wenn Sie gegen den Uhrzeigersinn laufen, rechte Hand, wenn Sie im Uhrzeigersinn laufen) vor dem Hundemaul bleiben. Gehen Sie langsam (und vorsichtig, damit Sie den Hund nicht treten oder auf seiner Rute landen!) einmal um ihn herum. Sobald Sie die Runde absolviert haben und der Hund in seiner Position verblieben ist, loben Sie ihn und reichen ihm das Leckerchen.

Variante 3: Bei dieser Übungsvariante arbeiten Sie mit einem Gegenstand, der dem Welpen sehr vertraut ist, das kann eine Decke, eine Jacke von Ihnen, ein Püppchen, ein Handschuh oder Ähnliches sein. Der Gegenstand soll dem Hund Sicherheit vermitteln. Legen Sie ihn zum Hund und lassen Sie ihn darauf liegen. Legen Sie wieder einige Futterbrocken dazu. Sagen Sie ruhig und deutlich »Bleib« und entfernen Sie sich ein, zwei Schritte. Dabei halten Sie immer Sichtkontakt zu ihm. Bevor der Welpe fertig ist mit Fressen und/oder unruhig wird, gehen Sie zu ihm zurück und loben ihn.

Variante 4: Sie haben mit dem Welpen bereits die Variante 1 erfolgreich absolviert. Der Welpe liegt oder sitzt bei dieser Übungsvariante wieder ruhig auf dem Boden. Leinen Sie ihn an und binden ihn fest. Sie können ihn auch von einer Person festhalten lassen. Geben Sie ihm einige Futterbrocken oder einen Hundekuchen, sagen Sie »Bleib« und gehen rückwärts. Sie halten dabei Sichtkontakt zum Welpen und gehen nur ein, zwei Schritte zurück und gleich wieder nach vorn, bevor der Welpe mit dem Fressen fertig ist. Dies wiederholen Sie mehrere Male am Tag und steigern langsam und in kleinen Schritten (!) die Entfernung.

Außer dem Hörzeichen, also dem gesprochenen »Bleib«, lässt sich bei diesem Übungsaufbau auch leicht das zugehörige Sichtzeichen einführen. Dabei wird der Arm Richtung Hund ausgestreckt, die Handinnenfläche weist zu ihm. Nach einigen Wiederholungen wird der Welpe begriffen haben, was Sie meinen, wenn Sie zu ihm »Bleib« sagen und/oder ihm die nach vorn gerichtete Handinnenfläche zeigen.

So sieht das Hand-/Sichtzeichen für »Platz« aus.

Diese Übung setzt bereits eine tiefe Vertrauensbasis voraus und ist für einen Welpen recht schwierig zu meistern. Daher üben Sie öfter am Tag, aber mit wenigen Wiederholungen hintereinander. Lassen Sie den Welpen – wie bei jeder Übung! – erfolgreich abschließen. Klappt der von Ihnen gewählte Übungsaufbau nicht, so gestalten Sie die Übungsschritte kleiner!

Wie bei jeder Übung, so gibt es auch hier Stolperfallen, die zu beachten sind! Bedenken Sie, der Welpe lernt immer, und er lernt auch die Dinge, die Sie ihm so eigentlich nicht beibringen wollen, aber aufgrund falscher, verspäteter, verfrühter oder missverständlicher Reaktionen vermitteln.

→ Wählen Sie zu Beginn noch keine Kombination wie »Sitz-Bleib« oder »Platz-Bleib«, sondern üben Sie nur, dass der Welpe an dem Ort verweilt, an dem er bleiben soll.

→ Gehen Sie den Weg der ganz kleinen Schritte! Anfangs reicht es aus, wenn der Welpe bleibt, wo er ist, selbst wenn Sie nur eine Fußlänge von ihm weggehen können.

→ Werden Sie nicht übermütig und unangebracht ehrgeizig, wenn es dann klappt! Steigern Sie die Entfernung zum Hund in kleinen Schritten. Dabei sollten Sie nicht nur das Sichtkontakt-haltende-Rückwärtsgehen üben, sondern z.B. auch zur Abwechslung ein, zwei Schritte nach rechts oder ein, zwei Schritte nach links machen und sich somit seitlich zum Hund, aber Sichtkontakt haltend, bewegen.

→ Läuft der Hund immer wieder hinter Ihnen her, arbeiten Sie mit Hilfe der Leine und bringen den Welpen dadurch in die Situation, dass er die Übung nur erfolgreich absolvieren kann!

Das Aufhebungssignal zum Abschluss der Übung nicht vergessen!

Auch das Stehen auf Anweisung kann der Welpe bereits lernen.

Anweisung »Steh«

Für den Besuch beim Tierarzt, für das Verhalten im Alltag, z.B. im Stadtverkehr, aber auch für eventuelle Ausstellungsbesuche ist es sinnvoll, dem Hund das Stehen auf Anweisung beizubringen. Einmal sicher gelernt, wird er später ruhig(er) und routiniert(er) auf dem Untersuchungstisch ausharren, am Straßenrand gelassen stehen bleiben oder sich als angehender Show-Star im Ausstellungsring besser präsentieren.

Übungsaufbau »Steh«

Variante 1: Der Welpe steht ruhig auf dem Boden. Sie streicheln ihn kurz sanft, lächeln ihn an und sagen ruhig, freundlich und deutlich: »Steh«! Dabei können Sie ihm einen Futterbrocken oder ein kleines Leckerchen geben.

Variante 2: Sie führen den Welpen mit einem vorgehaltenen Futterbrocken in die »Steh«-Position. Der Einfachheit halber gehen Sie selbst dabei in die Hocke. Nun halten Sie den Futterbrocken ruhig vor der Hundenase, so dass der Welpe daran schnuppern oder lecken kann. Gleichzeitig halten Sie eine Hand locker (!) unter den Bauch des Hundekindes, bei »Fortgeschrittenen« reicht eventuell ein leichtes Anlegen eines Fingers gegen den Innenschenkel. Wenn Sie mögen, können Sie sich für diese Übung ein Sichtzeichen ausdenken, welches dann von Ihnen für die Anweisung »Steh« mit trainiert wird und später das Signal für den Hund darstellt, sich ruhig abwartend hinzustellen bzw. stehen zu bleiben.

Wie bei jeder Übung gibt es auch hier Stolperfallen, die zu beachten sind! Bedenken Sie, der Welpe lernt immer, und er lernt auch die Dinge, die Sie ihm so eigentlich nicht beibringen wollen, aber aufgrund falscher, verspäteter, verfrühter oder missverständlicher Reaktionen vermitteln.

Halten Sie das Futter bei dieser Übung zu hoch, wird Ihr Hund gen Leckerchen hochspringen, statt zu stehen.

Halten Sie das Futter zu weit vom Hund entfernt, wird er dem Futter hinterherlaufen, statt zu stehen, denn er will ja das Futter erreichen.

Sind Sie in Ihren vermeintlichen Hilfestellungen zu ungenau oder zu hektisch, so dass der Welpe nicht zum Erfolg kommt, wird die Motivation zur Mitarbeit bei dem Kleinen leicht versiegen und sich Frust breitmachen – beim Hundekind und auch bei Ihnen! Üben Sie deshalb in Ruhe und mit Geduld. Nehmen Sie sich Zeit. Hat es geklappt, dann verzichten Sie bei dieser Übungseinheit auf mehrfache Wiederholungen, denn der Welpe kann sich nur kurze Zeit konzentrieren und sollte mit einer erfolgreich absolvierten Übung aus seiner Lektion entlassen werden. Lieber zu einem späteren Zeitpunkt wieder eine kleine, kurze Übung ansetzen

Das Aufhebungssignal zum Abschluss der Übung nicht vergessen!

Freudiges Herankommen auf Zuruf sollte beim Welpen immer ausdrücklich belohnt werden.

Anweisung »Hier«

Eines der größten »Probleme« beim erwachsenen Hund, stellt die Befolgung der Anweisung »Hier« dar. Das Heranrufen, auch aus tollen Spielsituationen oder aus der selbstbelohnenden Nachlaufsequenz, aus der leicht eine wilde und für den Hundebesitzer schwer zu kontrollierende Nachhetz-Aktion auf Jogger, Radfahrer, Katzen, Wild usw. werden kann, ist eine früh zu übende und konsequent umzusetzende Erziehungsmaßnahme. Dabei bedient sich der Hund, auch schon der Welpe, gern einer Interessenabwägung. Was ist interessanter? Was ist lohnenswerter? Von welcher Entscheidung habe ich den größeren Vorteil für mich?

Übungsaufbau »Hier«

Variante 1: Der Welpe läuft auf Sie zu. Sie gehen in die Hocke, lächeln ihn an und sagen erst kurz bevor er bei Ihnen ist ruhig, freundlich und deutlich: »Hier!« Dabei halten Sie ihm einen Futterbrocken oder ein kleines Leckerchen sichtbar hin. Hilfreich ist es, das Wort noch heller klingen zu lassen, indem Sie das »i« etwas langziehen zu einem: »Hiiiiiiiier. «

Variante 2: Gehen Sie vor dem Welpen her und motivieren ihn, Ihnen zu folgen. Drehen Sie sich zu ihm um, gehen Sie in die Hocke und locken ihn über hohe Stimme, auffordernde Gesten und/oder Futter, zu Ihnen zu kommen. Kurz bevor der Welpe bei Ihnen angelangt ist,

sagen Sie ruhig, deutlich und freundlich »Hier«. Wenn Sie mögen, können Sie sich für diese Übung ein Sichtzeichen ausdenken. Sie können z.B. die Arme ausstrecken und ihm dadurch signalisieren: »Komm in meine Arme.« Dieses Sichtzeichen wird dann mit trainiert und später das Signal für ihn sein, zügig auf Sie zuzulaufen.

Variante 3: Ihr Welpe sitzt, liegt oder steht ein kleines (!) Stück von Ihnen entfernt. Sie sprechen ihn mit seinem Namen an und motivieren ihn über hohe Stimme, auffordernde Gesten und/oder Zeigen von Futter, zu Ihnen zu kommen. Kurz bevor er bei Ihnen ist, sagen Sie ruhig, deutlich und freundlich »Hier« und lassen ihn bei Ankunft das Futter aus Ihrer Hand fressen.

Wie bei jeder Übung, gibt es auch hier Stolperfallen, die zu beachten sind! Bedenken Sie, der Welpe lernt immer, und er lernt auch die Dinge, die Sie ihm so eigentlich nicht beibringen wollen, aber aufgrund falscher, verspäteter, verfrühter oder missverständlicher Reaktionen vermitteln.

Wenn Sie Ihren Welpen mit Namen ansprechen und gleichzeitig »Hier« rufen, Klein-Hundi es aber vorzieht, in eine x-beliebige andere Richtung zu laufen, statt zu Ihnen, lernt der Welpe, dass das Wort »Hier« keine unbedingt zu befolgende Anweisung darstellt! Deshalb setzen Sie das Wort »Hier« erst ein, wenn der Welpe bereits kurz vor Ihnen ist und keine Gefahr mehr besteht, dass er noch die Richtung wechselt!

Halten Sie das Futter zu weit von sich entfernt, besteht die Gefahr, dass der Welpe das Futter schnell nimmt, um dann sogleich wieder zu verschwinden.

Wenn Sie das »Hier« nur auf die Art üben, dass Sie den Welpen – sobald er bei Ihnen eintrifft – sofort anleinen, wird er die vermeintliche »Freiheitsberaubung« als unangenehme Begleiterscheinung einordnen. Seine Begeisterung, zu Ihnen zu laufen, wird bald nachlassen! Lassen Sie ihn lieber noch zwei- bis dreimal mit dem Aufhebungssignal »Und lauf«, mit dem sich der Hund wieder entfernen darf, abflitzen. Leinen Sie ihn dann erst an. Dabei ist es hilfreich, mit der einen Hand von unten in das Halsband oder Geschirr zu greifen, während die andere Hand noch das Futter anbietet. So ist der Welpe mit Fressen beschäftigt und lässt sich leicht greifen, außerdem reagieren viele Welpen mit einem Satz nach hinten, wenn die Hand von oben gen Welpe geführt wird. Hieraus kann sich sogar eine gewisse Handscheue entwickeln oder der Welpe macht bei der kleinsten Bewegung Ihrer Hand einen Satz nach hinten, um ein lustiges »Fang-mich-doch«-Spiel zu beginnen.

Haben Sie Ihren Hund bereits auf die Pfeife konditioniert, so können Sie selbstverständlich bei diesen Übungsaufbauten die Pfeife gezielt mit einsetzen. Das Aufhebungssignal zum Abschluss der Übung nicht vergessen!

Anweisung »Guck´mal«

Sie haben es bestimmt schon bei anderen Hundebesitzern und deren Vierbeinern erlebt: Irgendetwas, nach Hundemeinung Spannendes, kommt ihm entgegen und der Hund zieht an der Leine, guckt, bellt und macht die akrobatischsten Verrenkungen, um dort hinzugelangen. Vielleicht fragen Sie sich selbst, wie Sie die Aufmerksamkeit Ihres Welpen auf sich lenken können, wenn andere Dinge, Personen oder Tiere für ihn um ein Vielfaches interessanter zu sein scheinen. Das Zauberwort heißt »Schau« oder »Guck ´mal«! Diese Worte zu etablieren lohnt sich für Sie in vielerlei Hinsicht: Ihr Hund wird in für ihn reizvollen Situationen ansprechbar. Sie beweisen ihm, dass es sich für ihn lohnt, auf Frauchen und/oder Herrchen zu reagieren, und – last, but not least –, Sie bilden die Grund-

lage für ein zu belohnendes, erwünschtes Verhaltensmuster, nämlich Hund reagiert, wenn er von Ihnen angesprochen wird, und erhält seinen Futterbrocken.

Dies ist eine wichtige Basis, denn erst, wenn der Hund die Chance hat, zwischen dem erwünschten Verhalten und der Motivation, seinen eigenen Interessen nachzugehen, zu wählen, haben Sie das Recht (und die Verpflichtung), beim Agieren des Hundes in unerwünschter Art und Weise korrigierend zu reagieren. Leider sieht man bei Hundebesitzern im Umgang mit jugendlichen und/oder erwachsenen Hunden oftmals nur den verzweifelten Versuch, unerwünschtes Verhalten zu sanktionieren und mittels Geschrei und Ruckerei auf den Hund einzuwirken. Lernerfolg gleich null für den Vierbeiner, Frustrationspegel des Menschen steigend! Die Ratlosigkeit sieht man Mensch wie Hund regelrecht an: »Was tu´ ich nur mit diesem schrecklichen Tier?«, der Mensch, und »Was will der Mensch denn eigentlich von mir und wie kann ich es besser machen?«, der Hund. Da Sie sicherlich nicht in solch eine Zukunft mit Ihrem Vierbeiner blicken wollen, üben Sie fleißig, ruhig und konsequent das Zauberwort! Ein »Anekdötchen« am Rande: Eine meiner Hündinnen ist sehr verfressen. Von klein auf habe ich Suchspiele mit ihr gemacht, die immer mit einem »Pass auf!« eingeleitet wurden. Schließlich sollte sie ja aufpassen, wo der Futterbrocken landet, den ich ihr werfen wollte. Als ich einmal mit ihr im Wald unterwegs war, kreuzte unmittelbar vor uns ein Reh den Weg. Frauchen erschreckt und Böses ahnend, Hund äußerst interessiert und sofort bereit, eigenmächtig die Richtung zu wechseln und

die Verfolgung aufzunehmen. Intuitiv rief ich: »Pass auf!« Mein Mädel machte auf dem Absatz kehrt, ließ Reh Reh sein und kam mit erwartungsvollem Blick zu mir zurück. In dieser Situation hatte mir das »Pass auf« wesentlich bessere Dienste geleistet, als es ein »Hier« vermutlich getan hätte.

Übungsaufbau »Guck mal«

Variante 1: Sie gehen neben dem Welpen her und sprechen ihn mit seinem Namen an. Dreht er den Kopf in Ihre Richtung, sagen Sie »Guck mal« zu ihm und schieben ihm sofort einen kleinen Futterbrocken ins Mäulchen. Sie gehen ein paar Schritte weiter, sprechen Ihren Welpen wieder mit Namen an, und wiederholen die Übung wie zuvor beschrieben. Bald schon werden Sie sehen, dass Ihr Welpe auf Ihr »Guck mal« seinen Kopf in Ihre Richtung drehen wird, damit er den Futterbrocken nehmen kann. Ziel ist es, dass der Hund seine Aufmerksamkeit auf seinen Menschen richtet.

Variante 2: Der Welpe schaut Sie – aus welchem Grund auch immer – neugierig und aufmerksam mit großen Knopfaugen an. Sie sagen ihm freundlich lächelnd »Guck mal« und reichen ihm einen Futterbrocken. Diese tolle Übung dürfen Sie ruhig drei-, viermal hintereinander wiederholen – aber dann ist wieder Pause! Ein Tag ist ja lang und bietet zwischendurch immer wieder Gelegenheit, sinnvolle kurze (!) Übungen mit dem kleinen Racker einzubauen.

Wie bei jeder Übung, so gibt es auch hier Stolperfallen, die zu beachten sind! Bedenken Sie, der Welpe lernt immer, und er lernt auch die Dinge, die Sie ihm so eigentlich nicht beibringen wollen, aber aufgrund falscher, verspäteter, verfrühter oder missverständlicher Reaktionen vermitteln.

➔ Zum Welpen wird »Guck mal« gesagt und das Futterbröckchen sofort ins Mäulchen geschoben, obwohl der Welpe sich dem Menschen noch nicht zugewandt hat. Wenn man so agiert, kann der Hund den Zusammenhang nicht herstellen und erlernen!

➔ Der Welpe wird mit »Guck mal« angesprochen und reagiert auch prompt, doch kommt seine bestätigende Belohnung erst Lichtjahre später. Somit kann er den erhaltenen Futterbrocken nicht mehr mit dem korrekt ausgeführten »Guck mal« in Verbindung bringen. Es bleibt für den Kleinen nur beim: »Hmm, lecker!«, ohne Lerneffekt.

Es ist nicht unbedingt notwendig, dass der Welpe dem Menschen direkt in die Augen blickt, denn unter Hunden würde ein derartiger Blickkontakt unter Umständen als respektlos und provozierend gewertet werden.

Anweisung »Fuß«

Vor einiger Zeit hielten wir ein Wochenend-Seminar zum Thema Welpen für einen großen Hundeverein. Dabei wurde uns der Verlauf einer dort üblichen Welpenstunde vorgeführt, damit wir weitere Ideen zum Vorgehen, aber auch Kritik und sonstige Anregungen einbringen konnten. Fassungslos schauten wir zehn Minuten zu, wie neun Wochen alte Welpen an der Leine über die Wiese gezogen wurden, weil sie »Fuß-Gehen« lernen sollten! Auf unsere Frage, ob dies denn bei der dortigen Welpenarbeit so üblich sei, erhielten wir zur Antwort: »Aber selbstverständlich!«

Bei-Fuß-Gehen ist eine Übung, die ein hohes Maß an Konzentration (von beiden Enden der Leine!) verlangt. Deshalb stellt diese Anforderung für den Welpen bis ca. zum 4. Lebensmonat sehr schnell eine Überforderung dar! Nichtsdestotrotz ist es aber nötig, dem Welpen von klein auf zu vermitteln, dass an der Leine nicht gezogen und gezerrt wird. Was also tun?

Auch hier sind es wieder die kleinen Schritte, die Geduld und die Konsequenz, die zum Erfolg führen! Die Basis für ein späteres korrektes »Bei-Fuß«-Gehen wird durchaus im Welpenalter gelegt, wird aber immer wieder im Verlauf

Welpen sollten zu Beginn nur wenige Schritte »Bei-Fuß« gehen müssen. Funktioniert es, dürfen das Lob und ein spannungslösendes Spiel nicht auf sich warten lassen.

des Hundelebens geübt werden müssen, denn das Ziehen an der Leine stellt eine selbstbelohnende Handlung des Hundes dar: Ich ziehe und komme voran! Nur wenn Sie diese Lernerfahrung verhindern oder unterbrechen, werden Sie zu einem leinenführigen Hund kommen, der Ihnen an Ihrer Seite aufmerksam und gelassen durch den Alltag folgt.

Es ist Ihre Entscheidung, ob der Hund künftig, wenn er »Bei-Fuß« gehen soll, links oder rechts neben Ihnen geht. Die einmal gewählte Seite muss dann aber Bestand haben und so auch von anderen Personen, die den Hund führen, gleichermaßen umgesetzt werden.

Wird der Hund links geführt, halten Sie die Leine in der rechten Hand und haben so die linke, also die dem Hund zugewandte Hand frei, um ihm Futter zu reichen oder ihn auch einmal zu streicheln. Wird der Hund rechts geführt, ist die Leine links, damit die rechte Hand entsprechend frei ist. Vorsicht: Halten Sie das Futter in der dem Hund abgewandten Hand, also z.B. beim linksgeführten Hund in der rechten, so ist die Gefahr sehr groß, dass Sie sich den Welpen selber vor die Füße locken. Der Hund wird dann nicht neben Ihnen gehen, sondern versuchen, sich auf die rechte Seite zu drängen, wodurch Sie leicht stolpern oder den Hund treten könnten. Oder er geht von vornherein hinter Ihrem Rücken auf die rechte Seite und bringt sich dadurch bei, dass »Fuß« eben rechts und nicht links neben dem Menschen ist!

Für die Übungseinheiten »Fuß« sollte Ihr Hund weder »ausgepowert« und müde sein, noch gerade gefressen haben! Außerdem sollten zu Beginn dieser Übungen keine Ablenkungen den jungen Hundeschüler unnötig beeinflussen und sein Leben erschweren.

Übungsaufbau »Fuß« (linksgeführter Hund)

Variante 1: Der Welpe wird angeleint. Zeigen Sie ihm, dass Sie einen ganz tollen Leckerbissen für ihn in der linken Hand haben. Wenn er ausreichend am Futter interessiert und hoch motiviert ist, dieses Bröckchen zu bekommen, gehen Sie los. Sie halten Ihre Hand locker neben Ihrem linken Bein vor den Hund, so dass er Ihnen dicht am Bein folgt. Dabei sagen Sie ruhig, freundlich und deutlich »Fuß«. Nach wenigen Schritten, zu Beginn bereits nach dem dritten oder vierten Schritt, erhält Ihr Hundekind das Futter. Loben Sie es begeistert dafür, dass es so toll mitgemacht hat. Nun können Sie den Hund ableinen, um ihn durch ein kurzes Spiel oder eine Freilaufsequenz wieder aufzulockern.

Variante 2: Kennt Ihr Hund bereits die Anweisung »Guck mal«, so können Sie das nun gut kombinieren. Mittels »Guck mal« machen Sie den Hund aufmerksam auf den Futterbrocken in Ihrer linken Hand und führen ihn unter »Fuß« einige Schritte an Ihrer linken Seite. Nach drei, vier Schritten erhält er den Futterbrocken. Die Übung wird aufgelöst z.B. durch Ableinen und Freispiel. Wenn dies bereits gut klappt, können Sie auch eine zweite Übungseinheit gleich anschließen. Also wieder den Hund mit »Guck mal« auf das Futter aufmerksam machen und mit »Fuß« drei, vier Schritte an der linken Seite führen. Aber mit der Steigerung – wie immer – langsam und mit Bedacht beginnen, Ehrgeiz bremsen und nicht den Welpen überfordern!

Variante 3: Statt mit einer in der Hand gehaltenen Leine, kann auch mit einer Schleppleine geübt werden. Der Übungsaufbau ist der gleiche wie beschrieben.

Aus den ersten Übungsansätzen für das »Bei-Fuß-Gehen« lassen sich sogar erste Schritte der Freifolge entwickeln.

Wie bei jeder Übung, so gibt es auch hier Stolperfallen, die zu beachten sind! Bedenken Sie, der Welpe lernt immer, und er lernt auch die Dinge, die Sie ihm so eigentlich nicht beibringen wollen, aber aufgrund falscher, verspäteter, verfrühter oder missverständlicher Reaktionen vermitteln.

Der Welpe darf auf keinen Fall überfordert werden. Nach der Übung muss für den Welpen etwas Tolles und Entspannendes (Spiel, Freilauf o.Ä.) erfolgen!

Bleibt der Welpe deutlich hinter Ihnen, darf er nicht herbeigezerrt werden. Er muss über Stimme, Futter und Gesten dazu motiviert werden, zu Ihnen zu kommen. Vielleicht hat er heute einen schlechten Tag, fühlt sich durch Zahnung, eventuell erfolgter Impfung, Entwurmung oder Ähnlichem unwohl und ist einfach nicht gut drauf. An solchen Tagen verzichten Sie einfach auf anspruchsvollere Übungsschritte.

Nach drei, vier Schritten zieht der Welpe doch an der Leine? Wählen Sie die Übungsschritte kleiner. Begnügen Sie sich mit zwei, drei Schritten, bis das gut klappt. Zieht der Welpe, bleiben Sie stehen und warten ruhig ab, bis er von allein die Leine lockert und zu Ihnen kommt. Erst dann beginnen Sie wieder mit dem Übungsaufbau! Bei etwas älteren Welpen können Sie sich auch kommentarlos umdrehen und in die andere Richtung gehen, um dem Hund zu vermitteln, dass er weder Tempo, noch Richtung angibt. Aber bitte: Richtungswechsel hat nichts mit Leinenruck zu tun! Sie gehen einfach nur in entgegengesetzter Richtung von dem (älteren!) Welpen weg.

Achtung: Halten Sie das Leckerchen zu hoch, wird der Welpe danach springen und hopsen. Das mag eine lustige Übung für die Känguru-Olympiade sein, aber kein guter Übungsaufbau für das »Bei-Fuß«-Gehen.

Das Aufhebungssignal zum Abschluss der Übung nicht vergessen!

Kleines Leinen-ABC / Welche Leine wofür?

Führleine (notwendig im Alltagsleben)	Weiche, angenehme Leine aus Textil oder Leder, die nicht zu lang sein sollte (maximal 1,5 m).	Zum Führen des Hundes in Ortschaften und/oder in der Stadt. Um dem Hund das »Bei-Fuß«-Gehen beizubringen.
Arbeitsleine (ab Junghundalter unter fachkundiger Anleitung eines Hundetrainers)	Weiche, angenehme Leine aus Textil oder Leder, die eine dem Hund angepasste Dicke hat (8–15 mm Ø) und 5 m lang ist.	Zum Training mit dem Hund: Heranrufen, lockere Leine, Richtungswechsel, »Guck mal«, Radius vermitteln u.Ä.
Schleppleine (ab Junghundalter unter fachkundiger Anleitung eines Hundetrainers)	Ein dünnes (3–8 mm Ø, je nach Größe des Hundes) Seil aus Textil ohne Handschlaufe.	Der Hund zieht das Seil hinter sich her, der Besitzer nimmt es nicht (!) in die Hand. Zum Training mit dem Hund: Heranrufen, Freilauf, Richtungswechsel, »Guck mal«, Radius vermitteln, Erreichbarkeit/Stoppen des Hundes auch aus bestimmter Distanz (> Seillänge) möglich.
Moxonleine (für Welpen gänzlich ungeeignet!)	Leine und Halsband in einem; die Halsschlaufe zieht sich zu und würgt, wenn der Hund nach vorne geht und zieht.	Praktisch für gut erzogene, leinenführige, erwachsene Hunde, wenn ein schnelles Anleinen nötig ist.
Rollleine/Flexileine (für Welpen gänzlich ungeeignet!)	Ein Kasten, aus dem sich eine 3, 5 oder 8 m lange Leine ausrollt, wenn der Hund daran zieht.	Weder sinnvoll, noch empfehlenswert, da der Hund hier leicht das Ziehen an der Leine lernt: Je mehr Zug ich auf die Leine bringe, desto mehr Bewegungsfreiraum bekomme ich! Möglicher Einsatz bei gut leinenführigen Hunden, die krankheitsbedingt oder situativ (läufige Hündinnen) an der Leine geführt werden müssen und somit mehr Bewegungsradius haben.
Kurzführer (für Welpen gänzlich ungeeignet!)	Eine kurze Leinenschlaufe aus Leder oder Textil, nur maximal 20–30 cm lang.	Für bereits gut erzogene Hunde als Zugriffsmöglichkeit, z.B. beim Hundesport o. Ä.

5

Erziehungsspiele in der Welpengruppe

Auch in der Welpenspielgruppe sollte nicht nur innerartliches Spiel angeboten werden, so wichtig dies zur Verfestigung der Kommunikation auch ist. Sinnvoll strukturierte Spielsequenzen zwischen Mensch und Hund sind gleichermaßen von Nutzen. Hier kommen zusätzliche Ablenkungsreize hinzu, die es für Hund und Mensch zu bewältigen gilt.

In gut geführten Welpengruppen werden die Hundekinder auch behutsam und spielerisch mit verschiedensten Reizen (optischen, akustischen, taktilen, geruchlichen) konfrontiert, die im weitesten Sinne auf Umweltreize übertragbar sind. Flatternde Bänder oder sich drehende Windräder können Welpen anfangs durchaus verunsichern. Besteht aber die Möglichkeit, sich diesen »Windgeistern« vorsichtig zu nähern oder im ausgelassenen Rennspiel mit Artgenossen unbewusst zu passieren, so wird die Lernerfahrung »ungefährlich und unbedenklich« gemacht werden können. Ebenso verhält es sich mit verschiedenen Bodenuntergründen, z.B. ausgelegten Gittern, leicht wippenden Holzbohlen, rotierenden Bällen im »Bällchenbad« usw.

Welpen müssen mit einer Anzahl verschiedener Reize konfrontiert werden. Windräder sind eine Möglichkeit für einen optischen Reiz.

87

Über Gitter zu laufen, stellt anfangs eine besondere Herausforderung dar. Im Alltag gibt es häufig derartige »Stolperfallen«, die der Hund gelassen und unbeeindruckt bewältigt, wenn er daran entsprechend gewöhnt wurde.

Wie »gut geführt« von »schlecht bis gefährlich gehandhabt« in Bezug auf Welpengruppenstunden vom Hundebesitzer unterschieden werden kann, ist nicht so leicht mit wenigen Worten zu beschreiben. Grundsätzlich sollten in einer Welpengruppe wirklich nur Welpen miteinander Kontakt haben. Ausnahme wäre die Anwesenheit eines gut sozialisierten, welpengewohnten und welpenfreundlichen Althundes. Nichts zu suchen haben in Welpengruppen Junghunde von 6–12 Monaten!

Auch sollte die Anzahl der teilnehmenden Hunde für einen Trainer überschaubar und händelbar sein. Zehn umeinanderwuselnde Hundekinder übersteigen selbst die Möglichkeiten eines noch so fähigen Trainers. Eine Welpengruppenstunde ist auch kein Kaffeeklatsch mit integriertem Hundefreilauf, sondern eine Stunde durch den Trainer kontrollierter Kontakt zu Artgenossen, durch den Trainer vermitteltes Basiswissen und durch den Trainer initiierte und gezielt durchgeführte Übungsabläufe und -einheiten mit Erläuterungen zum War-um und Wie. Dabei muss der Trainer sich hü ten, aus Übervorsichtigkeit, Unsicherheit oder Ängstlichkeit zu früh in die Interaktionen der Welpen einzugreifen und alles maßregeln und unterbinden zu wollen, gleichzeitig sei aber auch dringend vor Trainern mit einer »Lais-ser-faire«-Haltung gewarnt, die die Welpen alles unter sich ausmachen lassen und nicht erkennen, wo Welpen womöglich permanent getriezt und gemoppt werden.

Wie so oft gilt es, den »goldenen Mittelweg« zu finden und den Trainer mit nachweisbarer Kompetenz, um den Besuch der Welpengrup-pe für Sie und Ihr Hundekind lohnenswert zu machen.

Es kann auch notwendig sein, Kleinhunde (Chihuahua, Malteser, Zwergpudel, Zwergspit-ze, Yorkies u.Ä.) in separaten Welpengruppen zusammenzufassen und von großwüchsigen Welpen zu trennen. Die unterschiedlichen Massenverhältnisse lassen sonst keine nor-malen Interaktionen zwischen den Hunden zu, vielmehr reduzieren sich die Aktionen der Kleinhundewelpen auf reines Abwehrver-halten.

Nicht immer ist es sinnvoll, klein- und großwüchsige Welpen in Welpengruppen zusammenzufassen.

Stimmen die Größen- und Kräfteverhältnisse nicht überein, so entsteht statt Spiel nur Abwehrverhalten, was sich bis zu dauerhaftem, abwehrendem Aggressionsverhalten bestimmten Artgenossen gegenüber festsetzen kann.

Ein wirkliches Spiel ist zwischen kleinwüchsigen und großwüchsigen Welpen meist nicht möglich. Doch gibt es auch hier die Ausnahmen, die die Regel bestätigen.

Gerade Welpen der diversen Klein-Terrier-Rassen kommen in der Regel auch in gemischten Gruppen sehr gut zurecht und kompensieren ihre fehlende Masse mit Schnelligkeit, Wendigkeit, raubeinigem Draufgängertum und wüstem Rempeln.

In der Runde von großen, kräftigen Welpen sind diese »Mini-Löwen« bestens aufgehoben. Dies eher derbe Spielverhalten würde anderen sensiblen Kleinhunden aber leicht negative Erfahrungen bescheren.

Besuchen Sie ruhig verschiedene Anbieter und machen Sie sich ein Bild vom Ablauf einer solchen Welpengruppe. Da, wo Sie und Ihr Hund sich wohl fühlen, wo Ihre Fragen beantwortet werden, wo Sie nützliche Tipps bekommen und der Trainer Ihnen gegenüber fachliche Kompetenz nicht nur behauptet, sondern auch nachweisen kann, da sind Sie gut aufgehoben! Bedenken Sie, Hundetrainer ist kein geschützter Beruf, in Deutschland darf sich letztlich jeder so nennen ...

Spiel-Vorschlag 1

Der Besitzer geht in die Hocke und wird mit einem Betttuch zugedeckt, während der Welpe vom Übungsleiter festgehalten wird. Dann ruft der Besitzer den Namen des Hundes.

Der Hund wird freigelassen, um seinen Menschen zu suchen. Der Begriff »Such« kann durchaus bereits mit eingesetzt werden.

Spiel-Vorschlag 2

Alle Welpen sind an der Leine und stehen mit ihren Besitzern in einem lockeren, kleinen Kreis. Nun geht ein Mensch-Hund-Gespann aus dem Kreis nach außen weg. Der Besitzer leint seinen Welpen ab und geht mit ihm gemeinsam langsam wieder auf den Kreis zu. Allein mit körperlichen Aktivitäten soll der Mensch versuchen, sich derart interessant zu präsentieren, dass sein Welpe bei ihm bleibt. Eventuell darf der Abstand zum Kreis nur langsam verringert werden, wenn die Aufmerksamkeit des Welpen zu sehr auf die anderen Menschen und Hunde des Kreises gerichtet ist. Gleichzeitig muss der Mensch seine Aktivitäten und damit seine Attraktivität erhöhen.

Spiel-Vorschlag 3

Der Übungsleiter hält den Welpen fest, während sich der Besitzer ein Stück entfernt. Über körpersprachliche Aktionen wird dann der losgelassene Welpe motiviert, zu seinem Menschen zu laufen.

Spiel-Vorschlag 4

Die Welpen sind angeleint. Sie befinden sich an etwas längeren Leinen, z.B. 2 m langen Führleinen. Die Besitzer gehen jeweils mit ihrem Welpen ein Stückchen auseinander, damit die Hunde sich einfacher auf ihren Besitzer konzentrieren können. Mit der Anweisung »Such«

In der Welpengruppe sollten die Hunde mit den unterschiedlichsten Reizen konfrontiert werden: akustische Reize (z. B. durch Instrumente) oder optische Reize (z. B. durch flatternde Bänder oder Windräder). Tunnel und Bällchenbad stellen einen taktilen Reiz dar, fördern den Tast- und Gleichgewichtssinn.

wird dem Welpen in unmittelbarer Nähe ein Futterbröckchen hingeworfen, welches er nehmen und fressen darf. Sobald er gefressen hat, kommt wieder das »Such« und ein Futterbröckchen wird in die Nähe des Hundes geworfen. Die angestrebte Steigerung dieses Spiels ist, dass der Welpe über dieses Suchspiel von seinem Besitzer an den anderen Welpen vorbeigeführt werden kann, ohne dass der Welpe zu seinen Artgenossen läuft.

Spiel-Vorschlag 5

Ein großer Pappkarton (z.B. von einem Kühlschrank oder einer Waschmaschine) wird mit einem Eingangsloch versehen. In diesen Karton wird eine Futterschüssel gestellt mit einem Löffel Futter darin. Die Hundebesitzer dürfen abwechselnd mit ihrem Welpen zu dem Karton hingehen, zeigen dem Welpen durch Hochhalten des Kartons das Futter und lassen den Karton dann auf den Boden ab. Der Hund wird abgeleint. Mit »Such« darf er in den Kar-

ton und das Futter fressen. Kommt er wieder hervor, so wird der mutige und schlaue Hund überschwänglich gelobt!

Spiel-Vorschlag 6

Alle Welpen sind im Freilauf, die Besitzer stehen als Gruppe zusammen. Auf ein Zeichen des Übungsleiters löst die Gruppe sich auf und bildet einen großen Kreis um die Welpen. Die Welpen werden weder angesprochen, noch erhalten sie irgendeine Anweisung. Kommt der jeweilige Welpe zum zugehörigen Besitzer gelaufen, so erhält er eine Futterbelohnung oder wird mit einem kurzen Spiel bestätigt. Dann wird er mit einem Aufhebungssignal (z.B. »Lauf«) wieder freigegeben und darf zurück zu seinen Spielgefährten laufen. Alternativ zum Kreis können die Besitzer auch die Seiten des Hundeplatzes wechseln oder sich in zwei, sich voneinander entfernende Gruppen aufteilen.

Spiel-Vorschlag 7

Alle Welpen sind im Freilauf. Ein Besitzer ruft seinen Welpen beim Namen. Sofort – und sofort heißt sofort! – wenn der Welpe reagiert, läuft der Besitzer mit Juchzen und Jauchzen ein Stück vom Welpen weg. Folgt der Welpe, so erhält er eine Belohnung und wird mit einem Aufhebungssignal (z.B. »Lauf«) freigegeben. Steigerung der Übung: Ist der Welpe gekommen, erhält er eine Belohnung, wird aber über »Guck-Mal« oder »Such« motiviert, beim Besitzer zu bleiben und mit diesem gemeinsam etwas zu erleben! Möglich wäre bei dieser Übung auch, mit dem gekommenen Welpen nun zum »Futterversteck-Pappkarton« zu gehen und ihn erleben zu lassen, dass es mit seinem Menschen etwas Tolles zu entdecken gibt!

Spiel-Vorschlag 8

Alle Welpen sind angeleint und stehen mit ihren Besitzern in einem größeren Kreis. Ein Mensch-Hund-Team geht in den Kreis. Der Besitzer lässt die Leine des Hundes fallen (alternativ kann man dem Hund eine Schleppleine anlegen). Nun soll sich der Besitzer so motivierend mit seinem Welpen beschäftigen, dass dieser bei ihm im Kreis bleibt und nicht zu den anderen Hunden hinläuft. Dabei ist die Leine nur zur Sicherung gedacht, der Welpe soll nicht krampfhaft daran festgehalten werden!

Steigerungen 1:
Der Kreis bewegt sich um das Mensch-Hund-Team

Steigerung 2:
Der Kreis wird enger um das Mensch-Hund-Team

Steigerung 3:
Kombination aus 1 und 2

Spiel-Vorschlag 9

Alle Welpen bis auf einen werden mit Abstand zueinander angebunden. Die Menschen knien sich hintereinander hin. Alle strecken ein Bein zur selben Seite aus, so dass die Beine eine Art Tunnel bilden. Der Übungsleiter stellt sich mit dem Welpen auf die eine Seite des »Tunnels«, der Besitzer auf die andere Seite. Er geht in die Hocke. Nun wird der Welpe durch die Beine abgerufen. Sobald er den Besitzer erreicht hat, wird er euphorisch gelobt und belohnt. Alle Welpen kommen nacheinander an die Reihe.

Variante:
Die Menschen stehen hintereinander und spreizen die Beine, der Welpe wird durch die gespreizten Beine abgerufen.

Spiel-Vorschlag 10

Drei Behältnisse (kleine Schüsseln, Töpfe, Eimer o.Ä.) werden umgedreht in eine Reihe gestellt. Unter einen der Behälter wird Futter gelegt. Zu Beginn des Spiels dürfen die Welpen noch schauen, wo das Futter versteckt wird, später nicht mehr. Der Welpe wird abgeleint und darf nun solange suchen, bis er das Futter gefunden hat. Sollte er Schwierigkeiten haben, das Futter unter dem Behältnis hervorzuholen, wird ihm geholfen, bis er selber den Trick raushat.

Variante:
Die Anzahl der Behältnisse wird erhöht.

Spiel-Vorschlag 11

Der Welpe befindet sich angeleint bei seinem Menschen. Dem Vierbeiner wird ein leckerer Futterbrocken gezeigt, den eine Hilfsperson in der Hand hält. Hat der Welpe das Leckerchen registriert, entfernt der Helfer sich rückwärts vom Hund weg. Frauchen oder Herrchen gehen nun Richtung Helfer, aber nur, wenn die Leine locker ist und der Kleine nicht gen Helfer zieht.

Dadurch lernt der Welpe: Wenn ich ziehe, komme ich nicht zu dem Futter hin.

Danksagung

Nicht nur »des guten Tons« wegen, sondern aus ganzem Herzen möchten wir uns bei den vielen Mitdenkern und Helfershelfern bedanken, ohne die unser Buch, so wie es Ihnen nun vorliegt, nicht hätte entstehen können! Viele Ideen wurden geliefert, manch ein Tippfehler entdeckt, etliche Szenen wieder und wieder gestellt, um das passende Foto »schießen« zu können.

Vielen Dank sagen wir Gabi, Manuela, Sophia, Yvonne, Frank, Hartmut und Regi für das Gegenlesen des Buchmanuskripts und für die Beschaffung des Bildmaterials.

Und natürlich den Teilnehmern der Welpengruppen von den Hundeschulen »Eifel« und »Tatzen-Treff« ein herzlicher Dank für die Geduld bei den Fotosessions.

Unseren eigenen Hunden Gaia, Inuit, Jazz, Momo, Nelly und Odessa danken wir, dass sie es mit Gelassenheit hingenommen haben, wenn aufgrund der Schreibarbeiten ein Spaziergang kürzer ausfallen musste und die Futterschüsseln erst später als gewohnt gefüllt wurden!

Quellen und Tipps zum Weiterlesen:

Günther Bloch:
Der Wolf im Hundepelz, Stuttgart, 2004
Sandra Fischer:
Abbruchsignale der Hunde,
Diplomarbeit Universität Würzburg, 2007
Dr. Dorit Urd Feddersen-Petersen:
Ausdrucksverhalten beim Hund,
Stuttgart, 2008
P. Führmann, N. Hoefs:
Das Kosmos Erziehungsprogramm für Hunde,
Stuttgart, 1999
Dr. Udo Gansloßer:
Verhaltensbiologie für Hundehalter,
Stuttgart, 2007
Frauke Ohl:
Körpersprache des Hundes, Stuttgart, 1999
Manuela van Schewick:
Kind und Hund, München, 2002
Erik Zimen:
Der Hund, München, 1988

Adressen der Autorinnen

Hundeschule »Tatzen-Treff«, Petra Krivy
Zur Grube 2, 57399 Kirchhundem
Tel.: 02764-7706, Fax: 02764-7706
E-Mail: info@tatzen-treff.de
www.tatzen-treff.de
Slovensky-Cuvac-Zucht »vom Wolfshorn«
(VDF/FCI), Petra Krivy, www.cuvac.de

Hundefarm »Eifel«, Angelika Lanzerath
Von-Goltstein-Str. 1, 53902 Bad Münstereifel
Tel.: 02257-7728, Fax: 02257-7728
E-Mail: kedvesmomo@t-online.de
www.hundefarm-eifel.de
Kuvaszzucht »von Anka« (VDH/FCI)
Angelika Lanzerath, www.kuvasz-von-anka.de